天津市科学技术普及项目

绿色建筑低碳生活
科普手册

天津市建筑设计研究院有限公司
绿色建筑机电技术研发中心　　编著

U0218093

天津大学出版社
TIANJIN UNIVERSITY PRESS

图书在版编目（CIP）数据

绿色建筑低碳生活科普手册 / 天津市建筑设计研究
院有限公司绿色建筑机电技术研发中心编著. -- 天津：
天津大学出版社，2023.9
天津市科学技术普及项目
ISBN 978-7-5618-7601-5

Ⅰ．①绿… Ⅱ．①天… Ⅲ．①生态建筑－普及读物
Ⅳ．①TU-023

中国国家版本馆CIP数据核字(2023)第185090号

天津市科学技术普及项目：19KPXMRC00010

主　　编：刘小芳
副 主 编：王逍梦　王　琪
参　　编：王　岳　傅　兴　邵艳丽　王若琳
编　　辑：张　曦

LUSE JIANZHU DITAN SHENGHUO KEPU SHOUCE

出版发行　天津大学出版社
地　　址　天津市卫津路92号天津大学内（邮编：300072）
电　　话　发行部：022-27403647
网　　址　www.tjupress.com.cn
印　　刷　廊坊瑞德印刷有限公司
经　　销　全国各地新华书店
开　　本　700 mm×1010 mm　1/16
印　　张　10.25
字　　数　165千
版　　次　2023年9月第1版
印　　次　2023年9月第1次
定　　价　36.00元

目 录

第一章
解决环境危机刻不容缓

>> 1 什么是温室效应 <<

1824 年，法国学者让·巴普蒂斯特·约瑟夫·傅里叶（Jean Baptiste Joseph Fourier）提出了"温室效应"一词。温室效应又称"花房效应"，是大气保温效应的俗称。我们都知道，地球外表面覆盖着大气层，而温室气体（GHG，Greenhouse Gas，大气保温气体的俗称）则是大气层的重要组成部分。缺少了大气层，地表平均温度将无法维持在 15 ℃左右，甚至可能降至 -20 ℃。因而，我们可以形象地将大气层比喻成覆盖在地球上的"棉被"。这是因为大气层中的温室气体能使太阳的短波辐射到达地面，地表受热后向外放出的长波热辐射则会被大气吸收，使得地表与低层大气温度升高，这也是温室效应正常化的表现。

然而，温室效应是一把双刃剑。近年来，大气中温室气体浓度的急剧增加导致全球气温上升，由此产生了令全球环境科学家们担心的"增强的温室效应"。温室气体的主要成分为二氧化碳，而地球中的二氧化碳排放主要分为两部分：一是自然活动导致的二氧化碳气体排放，例如动物呼吸作用及海洋释放出的二氧化碳气体；二是人类日常生产活动导致的二氧化碳气体排放，例如人类在日常的生产作业中为了得到能量往往需要燃烧大量的煤、石油、天然气等化石能源，从而导致大气中二氧化碳气体含量增加。需要指出的是，人类生活所产生的二氧化碳和大自然产生的二氧化碳相比并不多，但就是这看似不多的碳排放，直接导致了温室效应的加剧，打破了长久以来地球形成的平衡态势。由此可见，二氧化碳的含量和温度之间的关系并不是简单的、线性的，而是错综复杂的。

相关统计表明，温室气体的主要人为排放来源是电力系统及供热系统。据中国科学院网站报道：如果人类一直维持现在的生活方式，到 2100 年全球平均气温将有 50% 的可能上升 4 ℃，地球南北极的冰川将会融化，海平面也将上升，全世界 40 多个岛屿国家将面临被淹没的危险，数千万人的生活将会面临危机，甚至还将产生全球性的生态平衡紊乱，最终导致全球发生大规模的迁移和冲突。此外，"温室效应"还会在短时间内使局部地区的天气发生急剧变化，引发热浪、高温、热带风暴、龙卷风等极端天气，使人体心血管和呼吸系统疾病的发病率上升，并加速流行性疾病的传播和扩散，严重威胁人类健康。

因此，遏制温室效应的持续增强已经刻不容缓。近年来，我国大力倡导节能减排，采取了提高热电厂效率等有效措施，倡导使用清洁能源以减缓全球变暖的趋势，与世界各国一起为保护地球家园作出贡献。

>> 2 什么是热岛效应 <<

"热岛效应"这个名词，相信大家都不会陌生。随着我国城市化水平的提高，城市建设用地不断扩展，热岛效应也开始受到广大人民的关注。当我们在城市中心时，会发现局部地区的温度高于周边郊区的温度；城市上空的云、雾也均有比较明显的增加，有害气体、烟尘易在市区上空累积，造成严重的大气污染。这均是由热岛效应引起的。

热岛效应是指局部地区温度高于周边地区温度的现象。在近地面等温线图上，郊区的气温较低，而市区则形成明显的高温区，如同露出水面的岛屿，因此，此区域也被形象地称为"城市热岛"。

热岛效应常通过比较典型位置的温度（也称"热岛强度"）来确定。热岛效应主要分为"城市热岛效应"及"青藏高原热岛效应"两种。

城市热岛效应多发生在市区。由于城市地表多为柏油类硬化路面，且钢筋混凝土等结构的建筑物较多，而绿化植被较少，因此太阳光会直射到路面及建筑物上；而柏油路及建筑物的比热容都较低，在接收少量太阳辐射后温度便会迅速升高，这就使城市区域的温度较周边郊区要高得多。同时，城市中家用汽车及公交车较多，汽车内燃机在运行过程中产生的热量会直接排放到大气中；夏季时为了保证室内的舒适度，人们会开启空调来调节室内的温、湿度，使室内的热量被空调室外机排到室外，这就会造成室外气温升高。此外，煤、燃油、天然气等不可再生能源的燃烧会造成空气污染物含量的提升，使温室效应更加严重；且由于建筑物布局紧密，其附近大气循环流通较差，形成了一定的保温作用。

青藏高原热岛效应是指在高海拔地区出现的地表温度较高的情况造成的高海拔地区"热岛效应"。

对比相近纬度下的两个城市成都和拉萨的气温，拉萨7月日平均温度为24 ℃，成都的为31 ℃，我们可以发现拉萨的7月日平均温度比成都更低。但需要注意的是，拉萨的海拔高度比成都高3 000米。在海拔12 000米以下的对流层存在一种热性质，气温随着海拔的升高而降低，海拔每升高1 000米，温度约降低6 ℃。而成都上方3 000米处的7月日平均温度约为13 ℃，与拉萨的24 ℃相比，拉萨地区的温度较高。因此，在同样的海拔高度下，青藏高原的温度较高。

青藏高原热岛效应的主要原因是，大气对太阳光的吸收能力较弱，约为19%。因此，在接近地面的部分，大气的主要辐射来源为地面热辐射，而不是太阳光的直接照射。所以，越接近地面的部分气温越高，反之则越低。

在春季时，即在太阳辐射点北移的过程中，青藏高原热岛效应最为明显。这时青藏高原的温度提升较快，周边冷风气流向青藏高原靠近，使热岛效应更趋显著。

城市热岛效应的主要表现就是城市区域的温度过高。若其发生在居住区域，则可能会导致居民患消化系统疾病，使其表现出食欲减退、消化不良等。若其持续时间过长，则可能会对居民的神经系统造成损害，使其表现出烦躁不安、心神不定、记忆力下降等。

《绿色建筑评价标准》（GB/T 50378—2019）中包含对热岛效应的相关规定。其中8.2.3条指出，合理设置绿地可起到改善和美化环境、调节小气候、缓解城市热岛效应等作用。由此可见，减弱热岛效应是绿色建筑评价体系中极重要的一环。

3 世界上出现过哪些生态危机

随着人类改造自然的能力越来越强，盲目和过度的生产活动也带来了许多负面影响，例如全球变暖、河流污染、大气污染等。如果人类不对这些情况加以控制，或将引发相当严重的生态危机。

生态危机是指自然生态环境偏离正常状态，威胁人类的生存，阻碍社会平稳正常发展的现象。生态危机是生态失调积累到一定程度所引发的恶性结果，一旦形成，在较长时期内难以化解，甚至将造成无法弥补的损失。

下面让我们一起来看看世界上出现过哪些比较严重的生态危机。

1934 年 5 月 11 日凌晨，美国西部草原地区发生了一场长达 3 天 3 夜的"黑色风暴"。风暴带区域东西长约 2 400 千米，南北宽约 1 440 千米，高约 3.4 千米。风暴的移动速度之快，使其所到之处溪水断流、水井干涸、田地龟裂、庄稼枯萎，更使上万人流离失所。《纽约时报》在当天的头版头条位置刊登了专题报道。

此次的风暴天气给美国的农牧业生产带来了严重影响。风暴将肥沃的土壤表层刮走，大片小麦枯死，谷物市场价格波动，美国经济受到剧烈冲击。

继北美"黑色风暴"之后，苏联也在 1960 年 3 月和 4 月遭到"黑色风暴"的袭击，农田受损，颗粒无收。3 年之后，风暴又一次发生在新开垦的地区。这次风暴的影响范围更为广泛，哈萨克斯坦新开垦地区的受灾面积甚至达 20 万平方千米。

实际上，"黑色风暴"是沙尘暴的一种，是强风与高密度沙尘混合的灾害性天气现象。大风扬起的沙子形成"沙墙"，使周围的能见度变得极低。

除了沙尘暴外，19 世纪末期，在孟加拉国、印度等地还曾暴发过特大洪灾、鼠疫等生态灾害。这些生态危机是大自然对人类的历史性惩罚。开发者不断开垦土地、砍伐森林，致使土壤风蚀严重、持续干旱、土地沙化的现象加剧。而水土流失、珍稀物种濒临灭绝、河水富营养化、土壤污染、空气污染等现象同样严重。如果人类不立刻行动起来，及时对此加以控制，这些最终都会演变成危害全球的生态危机。

1978 年 3 月 16 日，美国的超级油轮"卡迪兹号"载着伊朗原油向鹿特丹驶去，在航行到法国布列塔尼海岸时触礁沉没，22.4 万吨的原油漏出，污染了超过 350 千米长的海岸线。这次事件导致上千吨牡蛎死亡，2 万多吨海鸟死亡。事件造成直接经济损失 1 亿多美元，而治理污染的费用高达 5 亿多美元，给海洋生态环境造成的损失更是难以估量。

在我国也发生过生态危机导致的自然灾害。2012 年，北京及中国中东部多地被雾霾笼罩，"十面霾伏"的环境污染之患再次为现有城市发展模式敲响警钟[1]。

自然正在以无声的方式提醒人类：要想避免更多的"报复"，就一定要遵循大自然的规律。在向自然界索取的同时，我们要保证人与自然和谐相处，这样才能让我们赖以生存的地球又好又快地发展。

4 冰川会消失吗

2002 年上映的动画电影《冰川时代》讲述了在远古寒冷的冰河世纪发生的一个温暖的故事——一群各怀心思的动物为了护送一个人类婴儿回到其父母身边，一起经历了艰难险阻，最终真诚相对，完成了旅行，为观众展现了一片令人神往的史前景象。

那么，在四季分明的今天，地球上还存在影片中那样雄伟壮观的冰川吗？

答案是肯定的。据统计，地球上有 10% 左右的陆地为冰川所覆盖。在 2010 年左右，我国的冰川总面积为 48 063.6 平方千米。

通俗地讲，我们可以将冰川看作巨大的移动冰块，它们是通过寒冷地区的积雪的压缩和再结晶形成的。冰川的形成需要上百万年的时间，其大小取决于它在整个生命周期保留的冰量。冰川按其形态主要可分为冰原、冰斗冰川、山谷冰川等。

[1] 彭建，刘焱序，潘雅婧，等 . 基于景观格局—过程的城市自然灾害生态风险研究：回顾与展望 [J]. 地球科学进展 , 2014, 29(10):1186–1196.

让我们一起看看是什么导致了冰川融化。

（1）二氧化碳排放。由工业生产、运输、毁林、燃烧化石燃料等人类活动产生的二氧化碳和其他温室气体在大气中不断聚集，使地球变暖并导致冰川融化。

（2）海洋变暖。海洋吸收了地球 90% 的热量。根据科学研究，这也对海洋冰川的融化有所影响，这些冰川大多位于南、北两极附近和阿拉斯加（美国）海岸。

根据苏黎世大学的研究，冰川融化在过去 30 年中不断加速，冰的流失量已经达到每年 3 350 亿吨，相当于目前海洋增长率的 30%。冰川的消融将会带来海平面上升、气候恶化、物种灭绝和水资源减少等危害。

冰川会完全消失吗？

冰川学家认为，尽管有大量的冰川流失，我们仍然有时间挽救冰川，使其免于消失。世界上许多科学家和科研机构从遏制全球气候继续变暖、减缓冰川消融、组合人工冰川和增加冰川厚度等方面提出了建议：为了应对气候变化和拯救冰川，根据相关科学研究，全球二氧化碳的排放量必须在未来 10 年内减少 45%，并在 2050 年后降至零。学术杂志《自然》（Nature）建议在受北极融化影响最严重的雅各布港冰川（格陵兰）前修建一座长 100 米的水坝，以遏制冰川的侵蚀。印度尼西亚的一个建筑师团队因其"北极再冻结"项目而获奖，该项目包括从融化的冰川中收集水，对其进行脱盐处理后再冻结，以形成大型六边形冰块。美国亚利桑那大学的研究团队也提出了他们的解决方案：通过风力驱动的水泵从冰川下方收集冰，将其分布在上层冰盖上，使其冻结，从而增强冰层的稳定性。

5　什么是给冰川"盖被子"[1]

通过上文的介绍，我们知道了大量的冰川消融会带来全球海平面升高、气候变

---

[1]　本文部分内容引自记者陈瑜 2020 年 10 月 29 日发表于《科技日报》的文章《减缓消融，科学家给冰川盖"被子"》。

暖加剧等严重后果，以及冬季暴雪成灾和夏季洪水泛滥等极端事件。

除了控制温室气体排放、减缓温室效应外，我国科学家为了阻止冰川融化还做了哪些工作呢？

根据《科技日报》的报道，中国科学院的研究团队于2020年8月给位于青藏高原东缘的达古冰川盖上了一层面积为500平方米的"被子"，试验用人工手段减缓冰川消融的速度；同年10月，根据研究团队的现场评估，"盖被子"区域与"未盖被子"区域相比，冰体消融速度明显降低，初步估计给冰川"盖被子"可减缓70%左右的冰川消融。

为什么给冰川"盖被子"可以有效减缓冰川消融？

很多80后的朋友童年时都见过商贩将冰棍箱裹在棉被中售卖冰棍的场景。之所以使用棉被，是因为它具有阻止热传递的保温作用，不但不会使冰棍融化，反而可以有效保持低温。

科学家们为冰川盖上"被子"也应用了相似的原理。根据中国科学院西北生态环境资源研究院冰冻圈科学国家重点实验室副主任王飞腾研究员的介绍，冰川的"被子"是一种隔热和反光的合成纤维材料，主要由涤纶、腈纶、锦纶等高分子聚合物组成，具有良好的防水和保温作用，同时具有防紫外线、耐寒冻、抗化学腐蚀和抗生物破坏的能力。"盖被子"可以切断冰川与外部的热交换，使冰川表面维持在较低的温度，从而减缓冰川消融的趋势。

无独有偶，在瑞士，科学家也进行了相似的试验，将白色的羊毛毯覆盖在瑞士罗纳河和格胜冰河冰川上，利用羊毛毯遮挡和反射太阳辐射以达到减缓冰川消融的目的。

值得注意的是，这种方法虽然在试验中取得了一定的成效，但还需要通过更多的实际观测进行验证。

此外，根据王飞腾研究员的介绍，考虑到试验和人力的成本以及环境保护的需求，"盖被子"的方法对于我国西部比较容易到达的冰川更为适用；而对于人迹罕至、面积较大的冰川，从实际操作的角度来看，有一定的局限性。

　　总而言之，与利用人工降雪增加冰川反照率等方法一样，给冰川"盖被子"实质上也只是一种减缓冰川消融的方法。要想从根本上挽救冰川、阻止冰川消失，仍然需要全球一起节能减排，从而减缓全球变暖的大趋势。

>> 6　什么是气候雄心峰会 <<

　　在 2015 年的气候变化巴黎大会上，全球 195 个国家一致通过了《巴黎协定》，对 2020 年后应对气候变化的国际合作机制作出安排，制定了全球温升控制目标。5 年后，由联合国及有关国家倡议举办的气候雄心峰会正式召开。其旨在纪念《巴黎协定》达成 5 周年，进一步动员国际社会强化气候行动、推进多边进程。峰会以视频会议的方式在线上举行，共有包括中国在内的 70 多个国家的领导人参加了峰会。

　　联合国秘书长古特雷斯在位于纽约的联合国总部出席了气候雄心峰会并致辞，呼吁全球进入"气候紧急状态"，直到实现碳中和。古特雷斯表示，距《巴黎协定》达成已经过去 5 周年，但世界仍未能朝着正确的方向前进。《巴黎协定》承诺将全球平均气温较工业化前水平升幅控制在 2℃ 之内，并为把升温控制在 1.5℃ 之内而努力。但迄今为止，该承诺远未兑现。目前，全球二氧化碳水平已处于创纪录高位，如果再不作出积极改变，气温升幅在 21 世纪可能达到灾难性的 3℃ 以上。

　　根据古特雷斯的发言，2021 年联合国的主要目标是到 21 世纪中叶建立一个真正的全球碳中和联盟。要实现这一目标，人类需要从现在做起，到 2030 年实现全球温室气体排放量与 2010 年相比减少 45%，到 2050 年实现净零排放。越来越多的国家承诺要实现净零排放，企业界正在朝可持续发展方向迈进，城市正在努力变得更环保、更宜居，年轻人正在担起责任，人们的观念正在发生变化。古特雷斯呼吁各国"停止对我们星球的攻击，保证我们子孙的未来"，努力实现世界净零排放的承诺。

　　针对席卷全球的新冠疫情，古特雷斯同时呼吁各国利用从疫情中复苏的机会，让经济和社会走上符合联合国 2030 年可持续发展目标的绿色道路，并敦促发达国家兑现每年向发展中国家提供 1 000 亿美元气候资金的承诺。

5 年来，《巴黎协定》获得了广泛的参与，规则体系逐步完善，各国的行动不断强化，绿色低碳发展正在成为潮流，我国也为该协定的达成和落实作出了重要贡献。目前，《巴黎协定》还面临着完成实施细则遗留问题的谈判任务，我国将继续积极参与全球气候环境治理的进程，推动《巴黎协定》全面有效落实，推动构建公平合理、合作共赢的气候治理体系。

>> 7　什么是中国的"气候雄心"[1] <<

根据上文的介绍，相信大家对气候雄心峰会都有了一定的了解。气候雄心峰会由联合国及有关国家倡议举办，旨在纪念《巴黎协定》达成 5 周年，进一步动员国际社会强化气候行动，推进多边进程。

那么，作为全球气候保护的重要倡导者和引领者，我国又有怎样的"气候雄心"呢？

我国领导人于 2020 年 12 月 12 日在气候雄心峰会上通过视频方式发表了题为《继往开来，开启全球应对气候变化新征程》的重要讲话，提出中国应对气候变化的强化行动和措施。下面我们通过这次重要讲话，对中国的"气候雄心"一探究竟。

我国领导人的重要讲话强调，2015 年，"各国领导人以最大的政治决心和智慧推动达成应对气候变化《巴黎协定》。5 年来，《巴黎协定》进入实施阶段，得到国际社会的广泛支持和参与。当前，国际格局加速演变，新冠肺炎疫情触发对人与自然关系的深刻反思，全球气候治理的未来更受关注"。

在这次峰会中，我国提出了 3 点倡议。

---

[1] 本文主要内容引自《继往开来，开启全球应对气候变化新征程》，《光明日报》2020 年 12 月 13 日 02 版。

第一，团结一心，开创合作共赢的气候治理新局面。在气候变化挑战面前，人类命运与共，单边主义没有出路。我们只有坚持多边主义，讲团结、促合作，才能互利共赢，福泽各国人民。中方欢迎各国支持《巴黎协定》、为应对气候变化作出更大贡献。

第二，提振雄心，形成各尽所能的气候治理新体系。各国应该遵循共同但有区别的责任原则，根据国情和能力，最大程度强化行动。同时，发达国家要切实加大向发展中国家提供资金、技术、能力建设支持。

第三，增强信心，坚持绿色复苏的气候治理新思路。绿水青山就是金山银山。要大力倡导绿色低碳的生产生活方式，从绿色发展中寻找发展的机遇和动力。

中国为达成应对气候变化《巴黎协定》作出重要贡献，也是落实《巴黎协定》的积极践行者。中国已经宣布将提高国家自主贡献力度，并进一步宣布：到2030年，中国单位国内生产总值二氧化碳排放将比2005年下降65%以上，非化石能源占一次能源消费比重将达到25%左右，森林蓄积量将比2005年增加60亿立方米，风电、太阳能发电总装机容量将达到12亿千瓦以上。

中国历来重信守诺，将以新发展理念为引领，在推动高质量发展中促进经济社会发展全面绿色转型，脚踏实地落实上述目标，为全球应对气候变化作出更大贡献。

"天不言而四时行，地不语而百物生。"地球是人类共同的、唯一的家园。我国领导人号召全世界人民继往开来、并肩前行，助力《巴黎协定》行稳致远，开启全球应对气候变化的新征程。

第二章
走近绿色建筑

1 什么是绿色建筑

位于我国首都北京的故宫，是世界上现存规模最大、保存最为完整的木质结构古建筑群。北京故宫红墙黄瓦、朱门金钉，有机组合了红色、黄色、黑色、绿色等颜色，形成了鲜明强烈的总体视觉效果。

希腊圣托里尼岛是爱琴海上一颗璀璨的明珠，蓝天、落日、碧海在这里交相辉映，蓝白相间的圆顶建筑令人沉醉，向世界各地的游客呈现出最美的地中海风情。

纵观古今中外的名胜古迹，其或华丽绚烂，或端庄古朴，无一不从视觉上带给人们丰富的感受。那么，时下的流行词"绿色建筑"是不是指外观是绿色的建筑呢？

这里所说的绿色建筑，是指在全生命周期内，节约资源、保护环境、减少污染，为人们提供健康、适用、高效的使用空间，最大限度地实现人与自然和谐共生的高质量建筑。

自美国建筑师保罗·索勒瑞（Paolo Soleri）于 1969 年首次提出生态建筑学（Arcology）概念以来，可持续发展思想逐渐形成并发展壮大，绿色建筑成为全球建筑的发展方向。时至今日，其又衍生出健康建筑、低碳建筑、零能耗建筑等一系列新型建筑形式，可谓百花齐放。

绿色建筑在我国的全面发展以 2004 年 9 月建设部"全国绿色建筑创新奖"的启动为标志。十几年来，其已实现从无到有、从少到多、从个别城市到全国范围，从单体到城区到城市的规模化发展，直辖市、省会城市及计划单列市保障性安居工程已全面强制执行绿色建筑标准。《中共中央关于制定国民经济和社会发展第十四个五年规划和二〇三五年远景目标的建议》提出了"推动绿色发展，促进人与自然和谐共生"的建议，而"发展绿色建筑"正是加快推动绿色低碳发展的具体要求之一。

合格的绿色建筑应具有安全耐久、健康舒适、生活便利、资源节约和环境宜居等特征，例如建筑场地应无电磁辐射和含氡土壤的危害，建筑室内污染物浓度应符合相关国家标准的规定，建筑相关区域应设置连贯的无障碍步行系统，建筑的节能设计应符合国家的有关要求，建筑的生活垃圾分类收集设施应合理设置并与周围景观协调等。

大力发展绿色建筑，以绿色、生态、低碳理念指导城乡建设，能够最高效地利用资源和最低限度地影响环境，有效转变城乡建设发展模式，破解城镇化进程中资源环境的约束问题；能够充分体现以人为本的理念，为人们提供健康、舒适、安全的居住、工作和活动空间，显著改善群众生产生活条件，提高人民满意度，并在广大群众中树立节约资源与保护环境的观念；能够全面集成建筑节能、节地、节水、节材及环境保护等多种技术，带动建筑技术革新，直接推动建筑生产方式的重大变革，促进建筑产业优化升级，拉动节能环保建材、新能源应用、节能服务、咨询等相关产业发展，具有重要的意义。

>> 2 对绿色建筑有哪些常见的认识误区 <<

随着绿色建筑概念的普及和绿色建筑技术的广泛应用，越来越多的人民群众对于绿色建筑理念有了自己的认知。俗话说，"一千个读者眼中有一千个哈姆雷特"，在大家对绿色建筑的理解中，存在着哪些常见的认识误区呢？接下来就让我们一起进行逐一甄别。

绿色建筑一定意味着高成本吗？

很多人将"绿色"与高价和高成本画上了等号，认为采用了绿色建筑技术的住宅一定会高价销售，要想获得更高的绿色建筑星级就要付出更高的成本。其实，这种认识是片面的。相对于普通建筑，达到绿色建筑标准所需要付出的增量成本的确较高。但从建筑全生命周期成本核算来看，其成本未必会比普通建筑高，甚至还会有所降低。此外，从综合生态效益、居住舒适度考量，绿色建筑具有更高的性价比。例如，对于设置了排风能量回收系统的办公建筑而言，虽然在建设阶段采购带有热回收功能的新风机组会比采购普通新风机组付出更多成本，但经过经济性能分析，其投资回收期通常需要 1~5 年：对比节能减排带来的效益和所付出的增量成本，热回收新风机组对业主来说无疑是更好的选择。

绿色建筑一定意味着高精尖技术吗？

有些人认为，必须引进高新技术、采用最新科技产品，才能实现绿色建筑的性能最优化。其实，高新技术只是实现绿色建筑目标的手段之一，并不是唯一途径。绿色建筑设计的实质是根据建筑的具体情况，因地制宜进行性能化设计，利用适宜的节能技术或设备，以最小的环境代价建成最适宜的生活环境。例如，在建筑设计阶段，通过合理规划设计楼间距及朝向，留出自然通风通道，小区整体能耗就能有效降低；住宅并非只有安装昂贵的可调节遮阳设备才能实现节能，很多时候设计师会通过安装南向和西向的固定遮阳设施来达到相同的节能效果。

总而言之，在践行绿色建筑理念时，我们应该牢记"因地制宜"的原则，在建筑的全生命周期内，最大限度地节约资源、保护环境和减少污染，为使用者提供健康、适用和高效的使用空间，使建筑与自然和谐共生。

>> 3 世界绿色建筑发展历程是怎样的 <<

绿色建筑发展至今，其内涵和外延一直在不断地丰富与拓展。追本溯源，"绿色建筑"理念起源于欧美，而后发展成学科，形成评价体系，并推广至全球。毫不夸张地说，绿色建筑是 21 世纪建筑发展的基础。下面我们将带领大家进入时光机，一同探寻世界绿色建筑的发展历程。

🏠 萌芽阶段：20 世纪 60—70 年代

20 世纪 60 年代，美国建筑师保罗·索勒瑞提出了"生态建筑学"的理念，这具有划时代的意义。其不但显示了人类对生态环境与人居环境关系的思考，更提出了一种兼具先进性和可实施性的新型建筑范式。

1969 年，美国风景建筑师麦克哈格在其著作《设计结合自然》一书中，提出人、建筑、自然和社会应协调发展，并探索了生态建筑的设计与建造方法，这标志着生态建筑理论的正式确立。

20 世纪 70 年代石油危机后，人们意识到耗用能源极多的建筑业必须走可持续发展的道路，工业发达国家开始注重对建筑节能的研究，太阳能、风能、地热能等各种建筑节能新技术应运而生，节能建筑成为建筑发展的先导。

🏡 兴起阶段：20 世纪 80—90 年代

20 世纪 80 年代，节能建筑体系日趋完善，并在德国、英国等发达国家广为应用。

1987 年，联合国世界环境与发展委员会发表报告《我们共同的未来》，确立了可持续发展的思想。可持续发展可以说是绿色建筑设计的指导思想。

1990 年，英国建筑研究院推出世界上首个绿色建筑评价体系——建筑研究院环境评价方法（BREEAM，Building Research Establishment Environmental Assessment Method）。

1992 年，在巴西里约热内卢召开的联合国环境与发展大会上，可持续发展的理念得到推广，绿色建筑的概念第一次被明确提出。

1996 年，美国绿色建筑委员会公布"能源与环境设计先锋"认证（LEED，Leadership in Energy and Environmental Design），并于 1998 年颁布 LEED v1.0 版本。作为商业化最成功的绿色建筑评价体系，对其的宣传和推广为绿色建筑的普及和发展作出了重要的贡献。

🏡 蓬勃发展阶段：2000 年至今

绿色建筑理念在全球推广，各国相继开发符合自身国情的绿色建筑设计和评价标准体系，世界上掀起绿色建筑实践热潮。

>> 4 我国绿色建筑发展历程是怎样的 <<

2004年8月，为贯彻落实科学发展观，促进节约资源、保护环境和建设事业可持续发展，加快推进我国绿色建筑及其技术的健康发展，建设部（现为住房城乡建设部）决定设立"全国绿色建筑创新奖"，标志我国的绿色建筑事业正式进入全面发展阶段。

第一个里程碑：首届绿建大会召开

2005年3月，首届国际智能与绿色建筑技术研讨会（简称"绿建大会"）暨技术和产品展览会在北京国际会议中心隆重召开，并向全社会正式宣布我国开始大规模发展绿色建筑。自此之后，绿建大会逐步发展为我国一年一度最具影响力的行业盛会。

第二个里程碑：首部绿色建筑评价标准发布实施

2006年的第二届绿建大会以"绿色、智能——通向节能省地型建筑的捷径"为主题，指明我国发展绿色建筑的方向。同年，我国首部相关标准《绿色建筑评价标准》（GB/T 50378—2006）发布实施，标志着我国绿色建筑设计进入了规范化和体系化的新阶段，也为我国绿色建筑产业的蓬勃发展创造了契机。

第三个里程碑：中国城科会绿建委成立

2008年3月，中国城市科学研究会绿色建筑与节能专业委员会（简称"中国城科会绿建委"）正式成立。其致力于研究符合我国国情的绿色建筑与建筑节能的理论与技术集成系统，协助政府推动我国绿色建筑发展。

第四个里程碑：绿色建筑建设目标提出

2013年1月，国务院办公厅以国办发〔2013〕1号文件（《国务院办公厅关于转发发展改革委　住房城乡建设部绿色建筑行动方案的通知》）转发国家发展改革委、住房城乡建设部制定的《绿色建筑行动方案》。2014年3月，中共中央、国务院印发《国家新型城镇化规划（2014—2020年）》，明确提出到2020年城镇绿色建筑占新建建筑比例要达到50%。此后国家和地方相继出台绿色建筑激励政策。

第五个里程碑：习近平主席在气候变化巴黎大会上的讲话

2015年11月，在气候变化巴黎大会开幕式上，我国领导人发表题为《携手构建合作共赢、公平合理的气候变化治理机制》的重要讲话，明确提出中国将通过发展绿色建筑和低碳交通来应对气候变化。在此后几年我的全国人民代表大会上，《政府工作报告》中都提出了我国要发展绿色建筑的明确要求。

2017年，党的十九大报告指出我国社会主要矛盾转变，提出"建设美丽中国""实施健康中国战略"的时代新要求，随后在2018年和2019年中，我国领导人在不同场合多次强调高质量发展，绿色建筑在新的时代被赋予更高的使命。2019年，《绿色建筑评价标准》完成了第3次更新换代，凸显了绿色建筑的高质量要求与"以人为本"的基本属性，定位从之前的功能本位、资源节约转变到同时重视建筑的人居品质、健康性能，逐步向高质量、实效性和深层次方向发展[1]。

>> 5 世界各国有哪些绿色建筑评价体系 <<

20世纪90年代以来，世界上许多国家都根据自身国情和发展需要建立了具有本国特色的绿色建筑评价体系，目前比较成熟的有英国的BREEAM、美国的LEED、新加坡的Green Mark和我国的《绿色建筑评价标准》（GB/T 50378—

[1] 中国城市科学研究会. 中国绿色建筑2020[M]. 北京：中国城市出版社，2020.

2019）等。

🏠 英国 BREEAM

1990 年，英国建筑研究院推出建筑研究院环境评价方法（BREEAM），这是世界上第一个绿色建筑综合评价体系。BREEAM 的核心理念是"因地制宜、平衡效益"，适用于新建、使用中和改造的总体规划项目、基础设施等各类型建筑；通过星级将参评对象划分为可接受（使用中建筑）、通过、好、很好及优秀几个等级，在考虑本土环境特点的前提下，从能源、健康与福祉、创新、土地使用、材料、管理、污染、交通、废物及水文 10 大类别来衡量建筑的综合可持续性。BREEAM 涵盖领域全面，适用范围广泛，评级方法简易，在全球 87 个国家和地区应用，取得了近 60 万个项目认证。

🏠 美国 LEED

1996 年，美国绿色建筑委员会公布"能源与环境设计先锋"认证（LEED），并于 1998 年颁布 LEED v1.0 版本。作为商业化最成功的绿色建筑评价体系，对其的宣传和推广为绿色建筑的普及和发展作出了重要的贡献。LEED 的目标是为多种类型建筑提供具有实践性且可量化的绿色建筑解决方案，其先进性体现在以下方面：创新采用满分为 110 分的分级评分制度，将参评建筑分为认证级（40~49 分）、银级（50~59 分）、金级（60~79 分）及铂金级（80 分以上）4 个等级；认证内容全面，涵盖整合过程、位置和交通、可持续场址、节水效率、能源和大气、材料与资源、室内空气品质、创新及区域优先性等 9 大板块内容；不断拓宽认证范围，引领绿建产业。近年来，LEED 还陆续发布了零碳排认证（LEED Zero）及绿色城市与社区认证（LEED for Cities and Communities）等标准，丰富了绿色建筑及相关产业内涵，为认证体系注入了新鲜血液。

🏠 新加坡 Green Mark

Green Mark（绿色建筑评价）体系由新加坡国家发展部下属新加坡建筑局基于当地自然资源环境量身定制，于 2005 年颁布，且已通过政府立法强制执行，凸显了新加坡政府倡导并推广绿色建筑的决心。Green Mark 体系在注重节能创新的前提下，通过设定指标，突出关键和重点参数，从而使评价覆盖建筑全生命周期。大多数建筑在 Green Mark 体系中均可以根据自身特点采用总分不同的独立评价方法，该体系有合格、金奖、金 + 奖及白金奖等 4 个评价级别。

近年来，我国与新加坡政府在绿色建筑及生态城区相关领域合作密切，政府间战略性合作项目——中新天津生态城落户天津滨海新区，是绿色发展和智慧城市开发的优秀代表。

综上所述，发达国家建立绿色建筑评价体系起步较早，已经形成了相对成熟的运行和管理模式，为我国编制本土化绿色建筑评价标准提供了宝贵经验。

>> 6 我国的绿色建筑评价体系包含哪些内容 <<

我国的绿色建筑评价体系对评估建筑绿色程度、保障绿色建筑质量、规范和引导绿色建筑的健康发展发挥了重要作用。

2006 年，我国首部相关标准《绿色建筑评价标准》（GB/T 50378—2006）发布实施，标志着我国绿色建筑设计进入规范化和体系化的新阶段；之后又与时俱进，分别在 2014 年和 2019 年完成了两次修订。历经 10 余年的演变，评价内容也从最初的"四节（节地、节能、节水、节材）一环保"发展为"五大性能（安全耐久、健康舒适、生活便利、资源节约、环境宜居）"，更加注重以人为本（图 2.1）。

评价内容	评价等级	评价阶段	过程控制
• 安全耐久 • 健康舒适 • 生活便利 • 资源节约 • 环境宜居 • 提高与创新	• 基本级（≥40） • 一星级（≥60） • 二星级（≥70） • 三星级（≥85）	• 在建筑工程竣工后进行 • 在建筑工程施工图设计完成后，可进行预评价	• 设计 • 施工 • 运营

图 2.1　《绿色建筑评价标准》（GB/T 50378—2019）要点

在《绿色建筑评价标准》（GB/T 50378—2019）的基础之上，我国又针对不同的建筑类型编制发布了专用于既有建筑绿色改造、工业建筑、办公建筑、商店建筑、博览建筑、医院建筑、饭店建筑的绿色评价标准；同时将绿色建筑的发展重点从单体示范扩展到区域整体开发，编制发布了专用于校园和城区的绿色评价标准。此外，各省市也结合当地资源、气候、经济、文化等特点，在国家标准的框架下陆续推出了地方绿色建筑评价标准，使我国的绿色建筑评价体系得到了进一步完善（图 2.2）。

单栋建筑或建筑群	区域
1.《绿色建筑评价标准》（GB/T 50378—2019）	
2.《既有建筑绿色改造评价标准》（GB/T 51141—2015）	9.《绿色生态城区评价标准》（GB/T 51255—2017）
3.《绿色工业建筑评价标准》（GB/T 50878—2013）	
4.《绿色办公建筑评价标准》（GB/T 50908—2013） 5.《绿色商店建筑评价标准》（GB/T 51100—2015） 6.《绿色博览建筑评价标准》（GB/T 51148—2016） 7.《绿色医院建筑评价标准》（GB/T 51153—2015） 8.《绿色饭店建筑评价标准》（GB/T 51165—2016）	10.《绿色校园评价标准》（GB/T 51356—2019）

图 2.2　我国绿色建筑评价体系

>> 7　天津市为推动绿色建筑发展付出了哪些努力[1] <<

"十三五"期间，天津市高度重视建筑节能与绿色建筑发展工作，全面落实国务院和市政府关于节能减排的方针政策，把建筑节能与绿色建筑发展作为转变住房城乡建设发展方式、实现建筑业转型升级的重要举措来抓，超额完成了建筑节能"十三五"规划确定的各项工作目标。天津市绿色建筑和装配式建筑工作一直走在全国前列。天津市先后获批为全国节能改造示范城市、公共建筑能效提升重点城市、装配式建筑示范城市等。天津市法规政策和标准规范体系不断完善，新建建筑节能稳步推进，绿色建筑蓬勃发展，既有建筑节能改造深入推进，可再生能源建筑应用发展态势良好，为天津市的生态城市和美丽天津建设创造了条件。

"十三五"期间，天津市绿色建筑高速发展，新建民用建筑 100% 执行绿色建筑标准，新建绿色建筑超过 1.7 亿平方米。"十三五"末城镇新建建筑中绿色建筑面积占比 70% 以上，绿色建筑发展位居全国前列，实现了绿色建筑全覆盖发展。全市累计获得绿色建筑评价标识项目 337 个，建筑面积达到 3 141 万平方米，其中绿色建筑设计标识项目 320 个，绿色建筑运行标识项目 17 个。天津市建筑设计研究院新建业务用房及附属综合楼工程获得全国绿色建筑创新奖一等奖，天津大学北洋园校区第一教学楼等 4 个项目获得全国绿色建筑创新奖二等奖，中海油天津研发产业基地建设项目等 2 个项目获得全国绿色建筑创新奖三等奖。市住建委针对高星级绿色建筑运行标识项目发布奖励通知，对 11 个高星级绿色建筑工程项目进行奖励，奖励金额总计 2 317.50 万元。

"十三五"期间，中新天津生态城获得国家首批"绿色生态城区运营三星级标识"，推动了国家生态城区建设管理的高水平发展。借鉴中新天津生态城的发展经验，天津市积极推动新建城镇按照绿色建筑集中示范区的要求进行规划、设计、施工、运营，其中东丽湖温泉度假旅游区、滨海新区南部生态新城、于家堡金融区绿色生

---

[1]　本文主要内容引自《天津市绿色建筑发展"十四五"规划》。

态城区、静海团泊新城西区4个片区获得国家节能减排政策示范资金奖励,每个区域奖励5 000万元,政府共计拨付2亿元。天津市绿色生态的建设发展模式初步形成,整体生态环境得到提升。

"十四五"期间,天津市将继续巩固和发展"十三五"期间绿色建筑方面所取得的工作成果,基于我国"二氧化碳排放力争于2030年前达到峰值"的发展目标,树立创新、协调、绿色、开放、共享的新发展理念,重点推进绿色建筑优质发展、建筑能效深度提升等发展任务,促进建筑运行绿色化、低碳化,使天津市绿色建筑工作成为城市建设的新亮点,并继续保持全国领先水平。计划到2025年,天津市城镇新建建筑中绿色建筑面积占比达到100%,一星级及以上等级绿色建筑占城镇新增绿色建筑比例达到30%。

第三章
绿色建筑在身边

>> 1　绿色公共建筑案例一：国家海洋博物馆 <<

在天津滨海新区中新天津生态城内有一座国家级、综合性、公益性的海洋博物馆，该博物馆内展示了海洋自然历史和人文历史，体现了中国作为一个海洋大国的地位（图3.1）。国家海洋博物馆从2012年底立项到2019年5月向公众开放，建设过程历时8年之久，从设计到施工都别具匠心。这座融自然、人文、历史于一体的建筑，在国内外斩获了多项设计大奖，并获得绿色建筑三星级设计标识。下面让我们来看看国家海洋博物馆都采取了哪些绿色建筑技术措施吧！

图3.1　国家海洋博物馆实景

🏠 怎样提高博物馆的耐久性

通俗来讲，建筑的耐久性就是建筑的寿命，即建筑在工程设计的合理年限内保持正常的使用功能，这是建筑的一项重要指标。建筑的耐久性受结构设计、建筑材料、施工和后期维护等因素的影响，因此，要提高建筑的耐久性，就应综合考虑以上多方面因素。

本项目从结构设计、材料采购、设备安装等方面采取措施来提高建筑的耐久性。在这里，我们首先展开讲讲建筑材料的耐久性。国家一直提倡采用耐久性好的建筑材料，因为良好的耐久性可以保证建筑材料的使用功能能够维持较长时间，从而延长建筑的使用寿命，减少建筑的维修次数，进而减少建筑材料的需求量，同时减少废旧建筑的拆除数量，最终实现节材。

本项目地处围海造陆形成的旅游区海域一期内，该区多为盐碱地，建筑地下基础和主体结构易受海水腐蚀的影响。海水中的硫酸盐是导致混凝土腐蚀的一个重要原因：硫酸盐中的硫酸根离子通过混凝土中的毛细孔进入其内部，与氢氧化钙和水化铝酸钙反应生成难溶性物质，这些难溶性物质的体积比原来增大了94%，从而引起混凝土膨胀、开裂、解体，最终导致混凝土结构被破坏。因此，减少混凝土内毛细孔量，提高混凝土的密实性（抗渗性），可以有效阻止有害物质渗入混凝土内部，这也是提高混凝土耐久性的先决条件。提高混凝土抗渗性主要可从以下几个方面入手：①选用合适的混凝土原材料，使用颗粒细、水化热较低的水泥，混凝土凝结越快，泌水性越差，抗渗性越好；②选用粗细程度适宜的砂石，混凝土流动性能越好就越密实，抗渗性就越好；③尽量降低水与水泥的比例，减少用水量，当混凝土硬化后，多余的水分少，则蒸发掉的水分少，毛细孔少，混凝土越密实，抗渗性就越好；④掺加适量的外加剂等。本项目建筑 ±0.000（含）标高以下与地下海水接触的地方使用的均为高耐久性混凝土。

🏠 怎样保证博物馆的室内空气质量

室内空气质量是指在一定时间和一定区域内，空气中所含有的各项检测物达到的一个恒定不变的检测值，室内空气质量的好坏可用来指示环境是否健康和适宜居住。检测值一般指含氧量、甲醛含量、二氧化碳浓度、水汽含量、PM2.5浓度、PM10浓度等数值。其中甲醛是大家比较熟悉的一种空气污染物。该物质含量过大时，会对皮肤、眼睛和上呼吸道产生刺激作用，严重时会造成皮肤脱脂，引起干燥、红斑、起疱和鳞状皮炎。大家对二氧化碳更不陌生。二氧化碳虽然是从人体排出的，但含量超标会对人体产生危害。室内二氧化碳浓度过高会导致维持人类生命活动的重要物质——氧气的浓度降低，从而间接导致人体血液中含氧量不足，进而影响大脑功能，甚至使人恶心呕吐。

近年来，人们对公共场所室内空气质量的关注度越来越高。在商场、地铁站、火车站、电影院等人流密集、相对封闭的场所，室内空气质量往往不是很理想。人们如果长时间待在这种场所中，就容易出现胸闷、头晕、气短等现象。

本项目作为国家级的海洋博物馆，一方面，馆中陈设的展品十分珍贵，需要存放环境满足一定的条件；另一方面，日参观人数有时可达 5 000 人，馆内人流密集。因此，本项目在设计之初就对各主要功能房间空气质量监控系统的设置做好了规划，既可以保证展品存放环境达标，同时也能保证参观人员的舒适性。本项目在展厅等主要功能房间设置的室内智能空气质量监控系统，集成了多项空气质量参数监测功能，如 PM2.5、甲醛、二氧化碳、温度、湿度等，可实时自动监测室内空气质量，并在显示屏上同步显示相关信息；同时，该系统还会通过监测数据对室内环境进行实时评估，当空气中的某一污染物超标时，系统将报警，让管理人员快速发现问题并及时采取改善措施；此外，该系统还会检测进排风设备的工作状态，智能联动新风及空气净化系统。

🏠 博物馆内外设置了哪些无障碍设施

"以人为本"是指以人的生活条件来分析和解决与人相关的一切问题，其核心内容就是尊重人，尊重人的特性和人的本质，把人作为手段与目的的统一。国家海洋博物馆每天要接待成千上万的游客，面向各个年龄段的公民，还有一些特殊人群，如残疾人、老年人、孕妇等。为了更好地践行"以人为本"的科学发展观，照顾到特殊人群的参观体验，本项目在适宜的场所设置了无障碍设施。

所谓无障碍设施是指为了保障残疾人、老年人、孕妇、儿童等社会成员通行安全和使用便利而在建设工程中配套建设的服务设施。无障碍设施包括无障碍通道、无障碍扶手、无障碍停车位、无障碍电（楼）梯、无障碍洗手间、无障碍平台、无障碍席位、盲文标识和音响等。

本项目的无障碍设施有：无障碍停车位（停车场处）、无障碍出入口（建筑入口平台及门处）、无障碍电梯（水平与垂直交通核处）、无障碍卫生间（公共卫生间处）、无障碍席位（观众席位处）等。

本项目共在地上设有 10 个无障碍停车位。无障碍停车位是指为肢体残疾人驾驶或者乘坐的机动车设置的专用停车位，车位内画有"残疾人轮椅"图标。该车位设在地上通行方便、距离出入口路线最短的停车位处；车位的地面平整、防滑、不积水，地面坡度不大于 1：50；车位的一侧留有宽 1.2 米以上的轮椅通道，方便肢体障碍者上下车。项目共设有 5 个无障碍出入口，有平坡出入口，也有同时设置台阶和升降平台的出入口，方便残疾人、老年人等行动不便者或有视力障碍者使用。项目共设有无障碍电梯 4 部，适合乘轮椅者、视力障碍者或担架床进入，净宽在 0.8 米以上，候梯厅深度不小于 1.5 米，按钮高度为 0.9~1.1 米，候梯厅设电梯运行显示装置和抵达音响。项目在每个卫生间都设有无障碍卫生间。无障碍卫生间为不分性别的独立卫生间，使用推拉移动门，门上安装有横向拉手，便于乘坐轮椅者开启或关闭；卫生间内部空间大，利于轮椅回旋；坐便器、小便器、台盆均配备安全扶手。项目在报告厅、影院都分别设了 2 个无障碍席位。席位设在便于到达疏散口及通道的位置。观众厅内有足够的宽度使轮椅通过。轮椅席位的地面平整、防滑，在边缘处安装栏杆。在轮椅席位上观看演出和比赛时，使用者的视线不会受到遮挡，其也不会遮挡他人的视线。轮椅席位旁或在邻近的观众席内设置有陪护席位。轮椅席位处地面上设置有无障碍标志。建筑大厅、休息厅等处均设有无障碍休息区以及母婴室、医务室、童车租赁处、自助存包处等。

🏠 怎样利用地热能为博物馆供冷供热

面对不可再生能源紧缺的严峻形势，人们的环保意识不断增强，开发利用可再生清洁能源迫在眉睫。其中，地热能就是一种清洁可再生能源。地热能大部分来自地球深处的可再生性热能，源于地球的熔融岩浆和放射性物质的衰变；还有一小部分浅层地热能来自太阳，大约占总地热能的 5%。由于地热能储量比人们每年所利用能量总量的 500 倍还要多，且其具有良好的经济效益和环保效益，因此合理开发利用地热能具有重要意义。

浅层地热能分布广，储量大，是当前技术经济条件下开发利用的主要能源。浅层地热的温度一年四季相对稳定，冬季比环境空气温度高，夏季比环境空气温度低，是很好的热源和冷源。这种浅层地热能通过特定技术采集利用后比传统空调系统运行效率要高 40%，因此可节能和节省运行费用 40% 左右。另外，热能温度较恒定的特性使得热泵机组运行更可靠、稳定，也保证了系统的高效性和经济性。

国家海洋博物馆在设计之初就对提高清洁能源利用率和系统综合能效方面考虑良多。工程人员分析了空调冷热源方案及其可行性后，确定以地源热泵系统作为空调冷热源的供应方式。地源热泵是一种利用地下浅层地热资源，既能供热又能制冷的高效节能环保型空调系统。地源热泵通过输入少量的高品位能源（电能），即可实现能量从低温热源向高温热源的转移，在冬季，把土壤中的热量"取"出来，提高温度后供给室内用于采暖；在夏季，把室内的热量"取"出来释放到土壤中去，并且能常年保证地下温度的均衡。本项目每年采暖空调系统总冷负荷为 10 900 千瓦，总热负荷为 8 386 千瓦，其中地源热泵系统承担冷负荷 10 900 千瓦，占整个负荷的 100%；承担热负荷 8 085 千瓦，占整个负荷的 96.4%。浅层地热能共承担冷热负荷比例达到 98.4%，大大节约了电能。

博物馆场地内绿化灌溉怎样节水

很多人对植物灌溉方式的认知或许还停留在漫灌的阶段，即在田间不做任何沟埂，灌水时任水在地面漫流，借重力作用浸润土壤，这是一种比较粗放的灌水方法。传统灌溉方式除了漫灌，还包括沟灌、畦灌、淹灌等。其优点是操作简单，劳动投入少、设备投入少，对技术要求不高。而其缺点是灌水量大、灌水压力高、灌水不均匀，对土地冲击大，容易造成土壤和肥料的流失；蒸发量大，容易导致表层土壤板结，不利于根系的呼吸和土壤中养分的运输，还可能造成次生的盐碱化危害。实际上，传统的灌溉方式是浇地，而不是浇作物。

限于可利用的淡水资源有限，而用于灌溉绿地及农作物的水量巨大，人们开发和研究出了一些新的节水灌溉方式。节水灌溉是指以最有效的技术措施用较少的灌溉水量取得较好的生产效益和经济效益，包括滴灌、喷灌、微喷灌、渗灌等现代化灌溉方式。这些灌溉方式的优点是节水、节能、节地，省工、省肥、省钱，增产、增收。而其缺点是设备投入价值高，维护费用高。目前节水灌溉主要应用在温室、无土栽培、大棚、绿化、园林等领域。节水灌溉一直是我国着力推广的灌溉方式，使用者结合相应植物的需水特性、生长阶段、气候、土壤条件等做合理设计，制定相应的灌溉制度，适时、适量、合理灌溉，只有这样才能有效达到有利于植物生长以及节水的目的。

本项目绿地面积为 58 194.5 平方米，如此大的绿地面积如果采用传统灌溉方式势必会造成水资源的浪费，所以采用了微喷灌的节水灌溉方式。微喷灌是利用折射、旋转或辐射式微型喷头将水均匀地喷洒到作物枝叶等区域的灌水形式。其喷头口径小、压力大，有很强的雾化能力，能够提高空气湿度，降低小环境温度，调节局部气候；喷洒水珠小，不会对绿植造成伤害。这种浇灌方式可以做到局部精确灌溉，除了可用于补充土壤水分、满足植物生长需要外，还可将肥料、农药溶解在水中并结合注肥泵等现代化的施肥装置进行施肥打药作业。其还可避免土壤盐碱化，对已经出现盐碱化的土壤，这种方式可冲洗土壤中的可溶盐分，以改良土壤性质。

>> 2 绿色公共建筑案例二：陕鼓分布式能源智能综合利用示范项目 <<

古都西安一直以深厚的文化底蕴而著称。进入 21 世纪，这座历史文化名城也紧跟时代的脚步，开启了可持续设计与低碳发展之路，建设了极具特色的绿色综合能源中心项目——陕鼓能源站。陕鼓分布式能源智能综合利用示范项目（图 3.2，以下简称"陕鼓项目"）位于陕西省西安市临潼区陕鼓厂区内，通过对原有厂区内的锅炉房进行绿色化改造，建设成绿色技术和能源高效利用的综合能源站，为厂区内约 11 万平方米的建筑供冷供热；同时，其兼具清洁能源展示和办公功能，被规划为陕鼓分布式能源培训教育基地和陕鼓清洁能源利用的示范窗口。

图 3.2 陕鼓分布式能源智能综合利用示范项目效果图

📷 什么是分布式能源站

陕鼓项目的一大重要特色就是采用了国际先进的多能源多系统整合理念进行设计，建立了分布式能源站。传统能源（如燃气、煤、石油）大多是不可再生的一次能源，其应用时会产生大量的二氧化碳，造成环境污染。因此，采用可再生能源代替传统能源并进行能源结构转型是节约能源、保护环境的重要举措。本项目因地制宜，统一整合了可以利用的能源条件。聪明的工程师将工厂内特有的空压机房余热和污水源均纳入能源方案之中，经过综合方案比选，确定项目的冷热源系统为带冷热调峰的地源、污水源、空压机废热热泵系统、水蓄能系统和燃气锅炉系统。

那么，什么是分布式能源站呢？分布式能源站的主要适用对象是电、热、冷供应集中的区域用户，如商务中心、学校、医院、居民区等。微型和小型的分布式能源站一般用于住宅区和独立商业机构，而大规模的分布式能源站一般实行冷热电三联产以解决区域用户冷热电的供应。最早的区域冷热系统出现在 20 世纪 60 年代。相较于传统的电网供电模式，冷热电三联供系统避免了分布式电源的电能经变电压和长距离输送后不必要的损耗，减少了高压输变线路的投入成本和运行费用。1962 年，世界上第一个冷热联供系统在美国哈特福德建成，并投入商业运行。此后几年，欧洲也引入了区域供冷供热系统。目前，美国、日本、加拿大、瑞士、法国及其他欧洲国家在区域供冷供热技术和应用上处于领先地位[1]~[5]。

我国目前正在开发的区域综合冷热电联供能源站主要有城区商业中心型分布式能源站、机关团体型分布式能源站、新开发小城镇和居民小区分布式能源站、离散型工业园区分布式能源站、过程工业园区型分布式能源站、凝汽式火电厂改造型分布式能源站、燃煤热电联产机组改造型分布式能源站、柴油机电站改造型分布式能源站、电站改造型冷热电三联产分布式能源站、锅炉及工业锅炉改造型分布式能源站等类型。在我国，分布式能源站正在由理论探讨阶段过渡到工程开发阶段，上海、北京、广州等多个城市已经在积极规划和建设，而陕鼓项目正是西北地区分布式能源站建设的一次积极探索。

[1] 张丹汝. 分布式能源系统在某工业园项目中应用的可行性研究 [D]. 合肥：合肥工业大学，2014.

[2] 张蓓红，龙惟定. 热电（冷）联产系统优化配置研究 [J]. 暖通空调，2005, 35(4)1-4, 12.

[3] 龚琪，卢军. 关于发展小型燃气轮机热电联产的探索 [J]. 节能技术，2005, 23(130):146-149.

[4] 李春蝶，卢军，黄光勤，等. 基于动态负荷的区域冷热电联供系统冷价制定 [J]. 煤气与热力，2013, 33(5):23-28, 32.

[5] 殷平. 冷热电三联供系统研究（2）：冷热电三联供系统是否应该"以热定电"[J]. 暖通空调，2013, 43(5):82-87.

陕鼓项目作为典型的既有建筑绿色改造案例，已获得中国绿色建筑二星级设计标识。为打造厂区能源中心，实现因地制宜最大化应用可再生能源的目的，综合考虑厂区的工艺条件，项目设计了基于"冷热电三联供系统＋带冷调峰的垂直埋管土壤源＋污水源＋空压机废热水源热泵系统＋水蓄能系统＋燃气锅炉系统＋光伏发电系统"的"九联供"智慧能源系统的多元供能方案，以及陕鼓能源互联岛"N合一"能源解决方案。陕鼓项目充分高效地整合并利用了厂区内多项清洁可再生能源，包括浅层地热能、空压机废热、污水能和太阳能等，总可再生能源利用量约为每年27.5万kW·h，对应可减少厂区内二氧化碳排放量约975吨/年，相当于种植2 954棵冷杉树。

陕鼓项目建成后运行至今效果优良，实现了可再生能源在工业园区的规模化应用，充分体现了可持续发展与节能低碳的规划设计理念。

怎样在BIM技术的帮助下"预览"能源中心

想不想用三维的手段设计建筑？想不想在设计阶段就能进入建筑一探究竟？兼具可视化、协调性、模拟性、优化性和可出图性等特点的建筑信息模型（BIM）技术可以帮助设计师实现全部设想。简单来说，BIM设计是一种三维图纸设计手段，对于管道过于复杂、平面图纸无法表达清晰的情况，在施工时以施工图为基础结合三维模型，有助于工作人员理解各管道位置关系，降低施工难度。

陕鼓项目作为能源中心，具有管道数量较多、尺寸较大等特点。BIM设计师利用Revit软件可以有效解决管道碰撞的问题，也能确定各管道层标高，进行机电综合等重要工作。项目在规划设计与施工建造阶段均应用了BIM技术。

BIM设计师在陕鼓项目方案设计阶段中就已介入，从功能需求出发，根据基础条件进行三维可视化描述，直接采用BIM设计清晰表达方案意图及各方案对比优势，便于基于BIM模型综合评价各方案。项目的初步设计阶段则承接方案最优成果，多专业协同展开，进行了功能安全性优化、机房建筑空间优化、管线布置空间性优化和多专业管线综合优化等多种精细化设计。

陕鼓项目的施工是以施工图为基础结合三维模型进行的。这种还原现场的方式更有助于施工人员理解各管道间的位置关系，有效降低了施工难度。同时，技术人员还可以利用 Navisworks 软件在计算机上"漫游"建筑内部，更直观地感受建筑物各部分的空间关系。陕鼓能源站的施工图设计是由能源站 BIM 设计模型直接生成的，并按国家相关规范要求标注了各专业设备基础定位、管线定位、工艺管线阀门、管线综合断面和大样图等二维表达信息。

陕鼓项目运用 BIM 技术作为设计工具，解决了设备及管线的排布问题，节约了土建成本，进一步提升了图纸质量与品质。同时，作为应用 BIM 技术的示范案例，本项目进一步验证了 BIM 技术在能源站类项目中的应用价值，因此该项技术值得广泛推广与应用。

能源站采用了哪些节电措施

陕鼓项目创新打造智能微电网系统作为区域电力供应系统：66 kW 屋面光伏系统充分利用空间，提升了可再生能源利用率；200 kW 天然气内燃机发电系统作为系统备用电源，为系统供配电提供了有力保障，降低了能源站内空压和暖通设备的耗电成本。

智能微电网系统的主要功能为对整个园区进行集中控制，以实现对市政电网、光伏发电系统、三联供发电系统和用电负荷的集中监控管理，同时各个系统也均可独立运行。整个系统共有两种运行模式，分别为并网模式和离网模式。本系统采用基于负荷和发电的动态平衡控制策略，以保证微电网内供电系统与用电系统的平衡。建筑首层监控中心设置微电网监控主机，以对区域内各种电力资源及用电负荷进行集中管理。

此外，陕鼓项目的室外照明均为草坪灯，根据项目实际情况未设置夜景照明，避免产生光污染。设计师在建筑内部的公共区域采用了集中照明控制系统，设置了红外感应控制开启与延时自熄系统；楼梯间的照明采用了节能自熄灯具；会议室等功能区域采用了分区控制，可按使用需求分区开启灯具。

建筑电气系统关乎人们的安全、舒适与健康。"双碳"目标的确立对建筑的节能减排提出了更高的要求，这也就意味着绿色电气节能设计将成为低碳、零碳建筑设计与改造的主流。坚持低碳节能设计，助力碳中和行动！

🏠 能源站采用了哪些节水措施

一个真正的绿色建筑项目必然对水资源的利用有着严格的要求，陕鼓项目也不例外。从绿色建筑评价的角度来看，结合项目实际情况制定相应的水资源利用方案，采用节水器具、设置合理完善的给排水系统是最基本的要求。陕鼓项目的污水处理站再生水管供水为冷却塔、空调管网补水，其也为能源站冲厕用水提供了水源，完美地践行了绿色建筑的设计理念。项目再生水供水能力为每天300吨，水质满足城市杂用水及空调系统补水的水质要求。同时，设计师还根据使用功能为空调系统补水及冷却塔补水设置了分项计量远传水表，并接入了能耗监测系统。此外，厂区的中水管道通常被刷成浅绿色，且外壁印有"中水非饮用"标志，方便使用者识别，保证了用水安全。

上面我们提到，陕鼓项目设置了专门的污水处理站，其将污水引向建筑北侧场区的污水提升泵站，并在建筑北侧室外设置了污水管接口。建筑的污水经处理后成为再生水，用于绿地浇灌、自动洗车、冲厕、冷却塔与锅炉补水以及景观湖补水。再生水（污水）源热泵作为供冷供热系统的一部分，冬季与螺杆式水源热泵机组及空压机废热两级串联，作为水源热泵机组的排、取热源，为项目提供可靠热能。

绿色建筑标准鼓励建筑选用具有更高节水性能的节水器具。目前，我国已对大部分用水器具的用水效率制定了标准，如现行国家标准《水嘴水效限定值及水效等级》（GB 25501—2019）、《坐便器水效限定值及水效等级》（GB 25502—2017）、《小便器水效限定值及水效等级》（GB 28377—2019）、《便器冲洗阀水效限定值及水效等级》（GB 28379—2022）和《蹲便器水效限定值及水效等级》（GB 30717—2019）等。常用用水器具按用水效率等级可划分为3个等级，陕鼓项目均选用三级节水器具，兼具综合经济性和实用性。

能源站采用了哪些降噪措施

虽然陕鼓项目选址于郊区，远离市中心，但作为综合类建筑，其内部还是设置了部分办公区域。因此，使办公房间内的人员免受工业生产过程中产生的噪声的干扰尤为重要，只有保证工作人员的身心健康，才能最大化地提高其工作效率、保证生产安全。

工业噪声可对人体神经系统、心血管系统、视觉器官和消化系统等造成不可逆的伤害，比如噪声性耳聋和抑郁，甚至是终身残疾。考虑到建筑中的办公人员与《绿色建筑评价标准》对噪声控制的相关要求，陕鼓项目采用了一系列有效的降噪做法。

陕鼓项目的主要噪声源是场地周边交通噪声、工业噪声和建筑内部的设备噪声。在安装室内设备时，进出口均设置了软连接，设备基础采用减振基础设置，设备机房墙面贴设矿棉吸声板，有效防止了噪声传播。项目主要功能房间外围护结构、内隔墙和楼板的隔声做法有效阻隔了室内和室外的噪声源，使主要功能房间的室内背景噪声值可达到相关标准要求。

通过现场检测，项目办公用房楼板的撞击声隔声值达到60分贝，优于标准限值，有效保障了办公人员的身心健康。本项目是减振降噪设计的优秀实践。

>> 3 绿色居住建筑案例一：鲁能泰山 7 号文嘉花园 <<

鲁能泰山 7 号文嘉花园（图 3.3）位于天津中心城区和滨海新区"双城"之间的核心区域——海河教育园区内（园区内入驻了众多的知名高校，有浓厚的教育氛围）。本项目在 2017 年 9 月获得了绿色建筑二星级设计标识。在这里居住的人们除了可以享受到得天独厚的教育资源，还能享受到丰富的自然资源，更重要的是能够身心放松地体验大自然的美丽。接下来让我们看看鲁能泰山 7 号文嘉花园在设计中有哪些独到之处吧。

图 3.3 鲁能泰山 7 号文嘉花园效果图

🏠 绿色住宅采用了哪些节能设计

在现代社会，人们对办公楼、住宅楼舒适度的要求越来越高。舒适度一般可以通过室内温、湿度体现出来，人体体感最舒适的温度是 18~23 ℃，湿度是 45%~65%。这就需要保证房间里冬天供热，夏天制冷。对于冬季供热而言，国家要求市政统一供热的房间室内温度不能低于 18 ℃，否则便不符合标准要求，住户可以投诉。通过建筑的外墙、楼板、外窗流失的热量越多，房间的温度就越低，如果要达到并保持不低于 18 ℃，那供热公司就要增大供热量，而供热量越大，消耗的不可再生能源就越多。目前，建筑能耗已经成为与工业能耗、交通能耗并列的三大能耗之一。狭义的建筑能耗是指建筑的运行能耗，包括维持建筑环境的能耗（如供暖能耗、制冷能耗、通风能耗、空调和照明能耗等）和各类建筑内活动的能耗（如办公能耗、家电能耗、电梯能耗、热水能耗等）。随着我国经济发展和人们生活水平不断提高，以及新型城镇化建设的深入推进，建筑用能和碳排放总量将进一步增加，建筑领域节能减排形势十分严峻，因此，对建筑采取相应的节能措施是当务之急。

目前我国新建住宅和公共建筑普遍执行的是节能 65% 的标准，部分发达地区已经开始试运行节能 75% 的标准。建筑节能应从两个方向着手：一是减少围护结构（外墙、外窗、屋顶）热量和冷量的流失，即降低传热系数；二是提高供暖、制冷、通风与空气调节等设备的能效。下面我们主要介绍第一种建筑节能措施。

本项目从建筑设计阶段就对围护结构进行了节能设计。要降低系统的传热系数，就要先从降低系统组成材料的导热系数着手。材料的导热系数越低，组成系统的传热系数就越低。普通外墙材质为钢筋混凝土，外墙无保温措施，钢筋混凝土的导热系数为 1.7 W/（m·K）；项目外墙采用了薄抹灰系统外墙外保温技术，在加气混凝土砌块填充墙外粘贴石墨聚苯板保温材料，加气混凝土砌块的导热系数为 0.18 W/（m·K），约是钢筋混凝土的导热系数的 1/10，石墨聚苯板的导热系数为 0.033 W/（m·K），约是钢筋混凝土的导热系数的 1/51。加气混凝土砌块和石墨聚苯板的组合大大降低了外墙的传热系数，降低了外墙传热导致的热量、冷量流失，在供热制冷量一定的情况下能够让房间的温度保持不变。同理，建筑围护结构中的外窗、屋顶也是通过降低传热系数来降低建筑耗能、实现建筑节能的。

绿色住宅为什么利用太阳能供应生活热水

能源可以分为传统能源和新能源。传统能源是指已经大规模生产和广泛利用的能源，如煤炭、石油、天然气等，这些能源都属于一次性非再生能源。新能源是指传统能源之外的各种能源，这些能源刚被开发利用或正在积极研究有待推广，如太阳能、地热能、风能等，这些能源都属于可再生能源。传统能源是有限的，随着这些能源消耗量的增多，地球上的储蓄量也随之减少；这些能源在使用过程中会产生一氧化碳、二氧化碳、二氧化硫等对空气环境有害的物质。而新能源是无限的，取之不尽，用之不竭；这些能源在使用过程中不会产生污染物。因此，开发利用新能源是节约能源和保护环境的一个重要方向。

太阳能是一种新能源，开发应用得相对早些，技术也相对成熟些，目前已经广泛应用到太阳能热水系统和太阳能发电系统上。按照太阳能的丰富程度，中国可划分为五类区域。天津属于第三类区域，太阳辐射比较丰富，因此较适宜将太阳能技术作为可再生能源利用途径，以减少对传统化石能源的依赖。

住宅小区的生活热水用量大且集中，如果仅靠电能加热水将消耗大量的电能，同一时段加热水也会造成电能供应不足的问题。因此，住宅小区比较适合利用太阳能加热水。

太阳能热水系统是利用太阳能集热器收集太阳辐射能，进而把水加热的一种装置，是目前太阳热能应用发展中最具经济价值、技术最成熟且已商业化的一项应用产品。太阳能热水系统主要有分户式和集中式两种系统。

本项目住宅建筑面积为 146 233.35 平方米，考虑到如此大的建筑群的能源节约，所有住户都应用了太阳能热水系统；并且考虑到太阳能集热板的设置位置和面积大小要与建筑立面相协调，项目设置了不同形式的太阳能热水系统。3 层住宅别墅区用户少，其使用的分户式太阳能热水系统是社会上普遍使用的单户小型紧凑式自然循环太阳能热水器。该系统用户用热水时互不影响，出现问题后便于解决，物业管理简单，系统运行费用低；并且避免了每户独立运行存在管线多、管线乱，及上层住户供水水压小、使用过程中冷热水不平衡的问题。项目 7 层、8 层和 10 层高的楼栋的住宅用户多，热水用量大，如果采用分户式太阳能热水系统，那便需要将大量的水箱置于屋顶，影响美观。因此，这些楼栋采用了集中式太阳能热水系统。这种系统太阳能利用效率高，系统集成化程度高，套路简单。综合考虑住宅采用太阳能热水系统的每户应用比例和实际安装面积与理论面积的比例，本项目中由可再生能源提供生活热水的比例达到 76%。

🏠 绿色住宅怎样利用非传统水源

水是生命之源，它滋润万物，哺育生命。地球上七分水三分地，其中的"水"，97% 为海水，而与我们生活密切相关的淡水仅占 3%，而淡水中又有 78% 为冰川淡水，很难利用。因此，我们能利用的淡水资源是十分有限的。而这有限的淡水资源要养育地球上的 76 亿人，同时随着农业、工业和城市化的进程加快，淡水需求量不断提高，使有限的淡水资源更为紧张。为了避免水源危机，我们除了保护、节约现有传统水源外，还应开发利用其他水源，比如海水、雨水、再生水等。多渠道开发利用非传统水源是水资源可持续开发利用的基本模式，也是未来绿色住宅节水的重要途径。

海水、雨水和再生水属于非传统水源。海水利用一般适合海水资源丰富的沿海城市，有很强的地域局限性；而海水淡化成本高也是造成海水利用率低的一个原因。雨水作为一种极有价值的水资源，可以被广泛应用：直接对雨水收集利用应配有相应的蓄水池和净化处理装置，间接雨水利用则主要通过雨水渗透。再生水是目前得到广泛应用的一种非传统水源。污水处理厂将污水适当处理后，使再生水达到一定的水质指标，再进行利用。从经济角度看，再生水的成本最低；从环保的角度看，污水再生利用有助于改善生态环境，实现水生态的良性循环，因此，再生水作为非传统水源的一种形式是最值得推广使用的。

居住建筑人员用水量多、用水集中，在设计时应考虑节约传统水源，开发利用非传统水源。居住建筑中水的用途主要包括饮用、盥洗、淋浴、冲厕、绿地灌溉和道路浇洒。本项目中居民的饮用水、盥洗和淋浴水采用市政自来水，冲厕、绿地灌溉和道路浇洒采用非传统水源的市政再生水，它们均经市政管网输送至小区。按照国家标准规范的定额进行计算，本项目再生水非传统水源年用水量为5.6万立方米，年用水总量为17.1万立方米，非传统水源利用率达到了32.75%。

本项目没有对雨水非传统水源进行直接收集利用，主要是考虑到能收集的水量占非传统水源的比例较低、投资成本高、维护难度大、回收期较长等因素。但本项目设置了18 000平方米的下凹式绿地，从而减少径流雨水量，补充涵养地下水资源，改善生态环境，这是对雨水这种非传统水源的间接利用。

绿色住宅采用了哪些隔声设计

现在的公司大多建在交通便利、生活便利的地方，这种便利降低了人们的生活成本和时间成本。但这种便利无疑会使工作环境变得喧嚣。长时间处于这种环境中会使人精神紧张，在一定程度上会影响工作效率。因此，我们的建筑需要有更好的隔声性能，将工作环境的噪声控制在一个合适的范围内。人们忙碌了一天后，需要有充足的睡眠来缓解身心的疲惫，这就要求人们的卧室能保证足够安静，可以避免外界的噪声干扰，保证睡眠质量。因此，我们的住宅需要有更好的隔声性能，将睡眠环境控制在一个合适的噪声范围内。

噪声的大小用分贝（dB）来衡量。10~20分贝，很静，几乎感觉不到；20~40分贝，相当于轻声说话；40~60分贝，相当于普通室内谈话；60~70分贝，相当于大声喊叫，有损神经；70~90分贝，很吵，长期在这种环境下学习和生活，会使人的神经细胞逐渐受到破坏；90~100分贝，会使听力受损；100~120分贝，使人难以忍受，几分钟就可暂时致聋。一般声音在30分贝左右时不会影响人们正常的生活和休息，而达到50分贝以上时，人们就会有较大的感觉，很难入睡。《民用建筑隔声设计规范》（GB 50118—2010）中要求卧室的夜间噪声值不大于37分贝，起居室的夜间噪声值不大于 45 分贝。

本项目临路而建，考虑到交通噪声会对住宅产生比较大的影响，设计人员在设计之初便对室外环境噪声进行模拟，选取天津市中心城区道路交通平均声级作为类比对象确定各条道路的噪声值，通过模拟分析得出道路对本项目最近住宅楼的噪声影响值均符合标准中的限值要求。本项目为了追求住户的更佳居住效果，在工程设计时采用特殊构造的外窗、分户门、楼板等来增强住宅隔绝噪声的性能。其中，外窗为双层中空玻璃，其隔声量能达到 31 分贝，相比单层玻璃隔声量要高 4 分贝；分户门采用不同密度的材料叠合而成，在一定程度上增加了门的重量，在门扇形成的空腹内填吸声材料，门框处采用机械压紧装置密封严实，其隔声量能达到 31 分贝；对于楼板，主要考虑上层住户带来的撞击声的干扰，通过在承重楼板上铺放弹性面层、承重层与面层间加弹性垫层以及在承重楼板下加设吊顶等措施降低撞击声的影响，使楼板的撞击声隔声量达到 61 分贝。外窗和分户门的隔声性能，楼板的撞击声隔声性能均符合国标要求。

除此之外，本项目还合理安排了建筑平面布局和空间功能，减少相邻空间的噪声干扰以及外界噪声对室内的影响。项目内部主要噪声源为地下设备用房。项目在设计时使其远离需要安静的功能房间，并采取隔声、减震等措施，有效降低噪声对主要功能房间的干扰。水泵房、空调机房等的墙面、地板面均做了吸声处理，各机房的门均为防火隔声门，以确保机房噪声不传至室外环境。此外，小区对进出的车辆采取控制鸣笛、限速等管理措施，降低其噪声影响。

🏠 绿色住宅的景观设计有何不同

当我们计划买房时，首先要看房子的整体情况。无论是看楼盘沙盘还是小区实景，首先映入眼帘的除了建筑的外立面之外就是小区的景观。正是这第一印象在很大程度上影响了购房者在这里买房、安家的意愿。小区景观设置得好，绿地面积大，各种乔灌木布局合理，景观小品齐全，均会给房子增加很多印象分。

为什么越来越多的购房者开始关注小区的景观设置情况呢？人们每天在钢筋水

泥混凝土的建筑里工作，要面对堆积如山的文件、焦虑的同事，在没有生机的环境里，身心疲惫的人们更渴望生活于近自然的环境中，因此具有绿地景观生态系统的居住区便成为人们择居的首选之地。居住区景观的设置不仅能给人们的生活带来方便，更重要的是能让使用者与景观之间的关系更加融洽，使人感到舒适。绿色居住建筑始终以人为本、以生态为本，协调了人与自然的关系，使居住区绿地景观生态系统与自然界的植物、动物、微生物及环境因子组成有机整体，体现了环境多样性和景观多样性。

本项目的定位就是要打造一个花园似的居住小区，因此其在景观设计方面做了很大的努力。项目绿地率高达48%。绿地率越高，一定建设用地面积范围内可建建筑物基地面积总和就越小，这样的居住环境不会让人感到压抑，让人感觉更舒适。在高绿地率的情况下，项目为充分利用场地空间，合理设置了绿色雨水基础设施，设有下凹式绿地，屋面雨水经屋面檐口留置雨水管排至建筑散水区，再排至周边的绿地内；大面积采用透水铺装及透水砖，减少地面径流，使雨水流入室外绿地。项目采用不同树种、不同高度的乔木、灌木、花草、蔓藤混种的园艺，使景观富有层次感。景观小品是景观中的点睛之笔。小区内设有具备精神功能的建筑小品，如雕塑、壁画、亭台、楼阁等；还有生活设施小品，如座椅、邮箱、垃圾桶等；此外还有道路设施小品，如街灯、防护栏、道路标志等。在这样的小区里生活，人们既能找到情感归宿，又能欣赏艺术，岂不乐哉？

>> 4 绿色居住建筑案例二：拾光园 <<

时代在进步，城市在发展，人们有了更多样的居住选择。人们每天忙于工作，而无暇欣赏周边的风景，无暇投入娱乐活动中，唯有在下班之后，回到家中才能享受到属于自己的自由时光。所以对于人们来说，提高房屋质量和居住品质，远比去追求精彩纷呈的娱乐活动更实惠。许多开发商也开始注重以人为本，在住宅和小区细节设计中考虑如何增强住户的获得感、幸福感和安全感。

在美丽的天津滨海新区坐落着一个花园型的住宅小区——拾光园（图3.4），该项目在2018年取得了绿色建筑二星级设计标识。小区内有住宅楼，并配有商业和社区服务中心；住宅为6~8层的多层和中高层建筑，没有高楼耸立，不会给视线和采光造成遮挡；小区单位土地面积上的建筑面积低，为低密度社区，住在这种环境中能使人们的身心得到放松；除此之外，该小区还应用了很多其他的绿色技术措施。让我们一起来看一下吧。

图 3.4 拾光园效果图

🏠 绿色住宅怎样避免产生光污染

为了追求建筑的时尚美观，建筑师有时会把传统的混凝土外墙改造成玻璃幕墙，但这"美丽"的背后却隐藏着光污染的危害。玻璃幕墙表面光滑，反射率高，当太阳光线照射到上面时，会发生镜面反射，形成刺眼的反射眩光，不仅会使人们睁不开眼，看不清东西，而且一旦射向地面就会使地面的光照度增大，这就是玻璃幕墙所带来的光污染。目前，很少有人能认识到光污染的危害。科学研究显示，一般镜面玻璃的光反射系数为 82%~88%，而特别光滑的粉墙和洁白的书籍纸张的光反射系数则高达 90%，比草地、森林或毛面装饰物面高 10 倍左右，远远超过了人体所能承受的生理适应范围，会造成光污染。研究表明，光污染可对人眼的角膜和虹膜造成伤害，抑制视网膜感光细胞功能的发挥，引起视疲劳和视力下降。因此，为了避免建筑给周围环境带来光污染，我们应控制玻璃幕墙的使用范围和可见光反射率。

随着城市夜生活不断丰富，夜景照明成了城市建设的重要组成部分。夜景照明给人们的生活带来了方便，但不规范的夜景照明也会造成光污染。干扰光若直射到人的眼睛便会造成眩光，若通过窗户照到室内也会影响人们的工作、生活和休息，打乱人的生物钟，影响人体正常的激素分泌，提高某些疾病的患病率，危害人体健康，这就是夜景照明给周围环境造成的光污染。

本项目为了避免光污染给人们造成身体和心理上的伤害，为了给住户营造舒适的居住环境，所有建筑外墙均没有采用玻璃幕墙和具有高反射率的铝合金装饰外墙。项目虽然设有室外夜景照明，但是符合现行行业标准《城市夜景照明设计规范》（JGJ/T 163—2008）的规定。项目的道路照明使用单一光谱的低压钠灯作为光源，以减少路面的反射光，这种灯发出单一的黄色光，减少了对人们视觉的干扰；不采用大功率投射灯，不对居住建筑外窗产生直接光线。项目在夜景照明的控制中，采用智能化的集中管理、分散控制，体现出灵活、节能、安全的设计理念；对停车场、突出雕像、标牌的照明采用节假日模式、重大节日模式，在午夜后关闭或部分关闭，既节约了能源，又减少了光污染，还延长了照明灯具的使用寿命。

🏠 绿色住宅怎样避免围护结构内表面结露

我们经常会看到很多建筑内部靠近外墙的墙角处、靠近外窗的墙面处和靠近屋面的外墙墙角处的墙皮有潮湿、脱落、发霉等现象。这种现象在一些老房子里更常见。这是由该部位结露造成的。

那么，什么叫作结露？其又是怎么产生的？

在一定的温度、湿度下，当物体表面的温度低于某个温度值时，空气中的一部分水蒸气就会在温度低的物体表面凝结成露水析出，这种现象就称为结露，这个温度值称为露点温度。结露主要发生在一些围护结构的外墙混凝土梁、柱、腰线、飘窗、雨篷等的金属构件处，因为这些部位的金属构件热量流失要比混凝土、砌块、空心砖高很多，导致这些部位的室内外温差大，内表面温度相比其他部位温度较低，因此在一定条件下水蒸气会在构件的内表面上凝结成露水析出。

结露会有什么不利影响呢？

结露会使建筑内部墙体处的饰面材料吸水，进而从基层墙体上脱落，破坏结构的安全性，造成安全隐患；会影响建筑的美观；会使该部位的传热系数增加，造成热量流失，导致能源浪费；也会使该部位滋生细菌，污染周围空气，危害人的身体健康。

本项目是如何避免建筑结露的呢？

既然结露是由于建筑内表面温度低于露点温度，那我们只需要在这些容易结露的部位做好保温，减少这些部位的热量流失，保证这些部位的温度高于空气露点温度即可。在建筑围护结构上贴保温材料是现在普遍使用的效果较好的防止结露的方法。材料的导热系数是判断材料保温效果的一个指标，导热系数越小，通过材料流失的热量越少，材料的保温效果越好。本项目在建筑外墙处贴了 100 毫米厚的岩棉板。岩棉板的导热系数较小，是钢筋混凝土导热系数的 1/36，是水泥砂浆导热系数的 1/20。通过模拟计算，外墙处内表面温度高于露点温度，因而建筑内部不会结露。本项目又在屋面处贴了 30 毫米厚的聚氨酯。聚氨酯的导热系数更小，是钢筋混凝土导热系数的 1/72，是水泥砂浆导热系数的 1/39。通过模拟计算，屋面处内表面温度也高于露点温度，因而该部位也不会结露。

怎样保证绿色住宅的室内自然通风

舒适的住宅除了要具备良好的户外视野和采光外，还应该能够很好地进行自然通风。自然通风可以有效地将室内的污染气体带走，让室内空气时刻保持清新洁净，极大地改善室内的空气品质，对人的身体健康大有益处。现在很多建筑为了追求立面的美观，外围护结构不设可开启的窗户，而是通过空调等设备进行机械通风。机械通风虽然在一定程度上能将室内的污染气体带走，但其初始投资高，设备占用空间大，耗能大，噪声大。因此，机械通风最好只应在不宜自然通风的夏季和冬季使用，而在春季和秋季则应尽可能地使用自然通风。

通过开启的外窗进行自然通风与通过空调进行机械通风相比，前者降低了能耗，节约了能源，并能达到更好的通风效果。因此，建筑的外窗要具备可开启的功能，从而达到自然通风的效果。

自然通风的效果与外窗可开启面积占所在房间地板面积的比例有关，外窗可开启面积与房间地板面积的比值越大，自然通风效果越好。建筑外窗根据不同的开启方式可分为推拉窗、平开窗、上悬窗等。推拉窗的窗户沿轨道向左右或上下推拉，最大开启度能达到整个窗户面积的 1/2，适宜自然通风；平开窗是一种传统的窗型，应用范围最广，分内开、外开两种，最大开启度也能达到整个窗户面积的 1/2，适宜自然通风；上悬窗需要通过转动执手选择门窗的开关，向内平开及顶部向内上悬，开启角度一般是 35°，窗户能打开 10 厘米左右的缝隙，最大开启度比上面两种开启方式小很多，其自然通风效果较上面两种开启方式也相对要差些。但是，上悬窗对于住宅的居民来说是非常安全的，采用这种开启方式的窗户开启扇所占用的空间较小，对于面积较小的厨房和卫生间这类安装位置受限的地方很实用。

本项目的主要户型为 3 室 1 厅 1 卫 1 厨，共 105 平方米，每个房间都设有可开启的外窗。开启扇类型有推拉窗和平开窗，根据房间使用功能和房间面积的不同，窗户可开启的面积也不同。天津相关标准规范中对居住建筑的各主要功能房间的自然通风可开启面积与房间地板面积的比例最小值做了明确要求，其中卧室、起居室不小于 5%，直接自然通风的卫生间不小于 5%，厨房不小于 10%。本项目 3 个卧室的这一比值分别为 9%、6%、12%，起居室的为 7%，厨房的为 21%，卫生间的为 14%。项目所有的房间均能达到自然通风的效果，让人们无论身处何地都能呼吸到新鲜空气。

🏠 绿色住宅采用了哪些节水设计

生活中常见的水龙头开启方式有扳手式、抬启式和感应式等。其中，扳手式是通过控制扳手开启角度大小来控制水流大小的，开启角度越大，水流量越大。但是我们也经常会发现，即使我们以一个很小的开启度打开扳手式水龙头，也会出现水花四溅、水流直冲的现象。这种现象叫超压出流，一般是建筑给水系统水压过大导致的。超压出流会造成水的浪费，水龙头开关时易产生噪声、管道振动，使阀门和水龙头磨损较快、使用寿命缩短，并可能导致管道连接处松动、漏水甚至损坏，加剧了水的浪费。

对于水嘴（水龙头）、坐便器、小便器、淋浴器、便器冲洗阀等而言，节水器具与同类器具相比一般可以在较长时间内免除维修麻烦，不会发生跑、冒、滴、漏的无用耗水；且其设计合理、制造精良、使用方便，与同类器具设备相比耗水量明显减少，在同一给水系统的压力下，节水器具的节水量在 20%~30%。

为了避免建筑的给水系统超压出流造成水的浪费，本项目从给水系统设计到相应设备器具采购、安装等多方面均采取了对策。

本项目首先对建筑给水系统进行了合理分区，并且充分利用市政压力供水。项目将给水系统在竖向分为 2 个区，建筑的 1 至 4 层利用市政给水管网压力直接供水，5 层及以上设加压装置，这样便避免了高层区供水水压不足的问题。同时，项目为高层区住户用水处的横支管增加减压装置，如减压阀，将水压降到与用水器具相适宜的水压，避免出现超压出流问题。减压设施的合理配置和有效使用是控制超压出流的技术保障。

本项目不是精装修交付的住宅小区。为了确保所有的卫生器具都能采用节水器具，节水效率达到理想水平并落到实处，开发商采取了一些措施，具体如下。

（1）开展节水器具推广会，以小区住户为主要对象，邀请专业人士到场为住户讲解节水器具的应用及节水常识，同时演示高效节水器具实验，邀请住户参与淋浴器、坐便器、水龙头等的节水实验，让住户体验节水器具的节水效果。

（2）开展节水器具团购会，为促进节水器具的推广，组织主流卫浴厂家参与团购会，并针对二级节水器具推出相应的优惠活动，积极推广节水器具的应用，提高生活用水效率，节约水资源。通过这一系列举措，小区住户有了更好的生活体验，也节约了生活成本。

🏠 绿色住宅为什么采用预拌混凝土和预拌砂浆

几十年前，建筑工人将水泥、石子、沙子等各种建筑材料倒在地上，用铲子混合到一起，现场拌制混凝土和砂浆来建造房子。后来人工现场拌制的混凝土和砂浆退出了历史舞台，随之出现的是混凝土搅拌机拌制的混凝土和砂浆，用机器代替人力实现了机械化。如今，您如果有时间去建筑工地看一下，便会看到一辆一辆装有混凝土的罐车在工地上待命。这些混凝土全是从搅拌站拌和好运到建筑工地的，叫作预拌混凝土。预拌混凝土是指在搅拌站将水泥、粗骨料、细集料、水以及根据需要掺入的外加剂、矿物掺和料等组分按一定比例计量、拌制后出售，并采用运输车在规定时间内运至使用地点的混凝土拌和物。

您还会看到一个高高的大罐子立在建筑工地上。罐子里装的是按比例配制好的干混砂浆，使用时可从罐子里放出。与预拌混凝土类似，预拌砂浆也是在建筑材料厂将各种材料按比例计量、混合后出售的。预拌砂浆可分为湿拌砂浆和干混砂浆。湿拌砂浆是由水泥、细集料、外加剂和水以及根据性能确定的各种组分按一定比例在搅拌站计量、拌制后，采用运输车运至使用地点，放入专用器储存，并在规定时间内使用完毕的湿拌拌和料。而干混砂浆是由经干燥筛分处理的集料与水泥以及根据性能确定的各种组分按一定比例在专业生产厂混合而成，再在使用地点按规定比例加水或配套液体拌和使用的干混拌和物。

　　混凝土和砂浆是建造房子的主要材料。随着城市化进程的加快，新建房屋逐年递增，相应地，混凝土和砂浆的使用量也是逐年递增的。

　　传统的在施工现场拌制的混凝土和砂浆存在质量不稳定、易造成环境污染、浪费资源、危害人体健康等缺点，而预拌混凝土和预拌砂浆则具有生产效率高、质量稳定、节约资源、使用方便、绿色环保等优点。

　　国家大力提倡使用预拌混凝土和预拌砂浆。北京和天津的建设主管部门均出台了一些政策，禁止使用施工现场拌制的混凝土和砂浆，推广使用预拌混凝土和预拌砂浆。北京的很多农村禁止水泥、沙子等进村，城市内也禁止开设砂石店面，从源头禁止原材料买卖。

　　本项目所用的混凝土和砂浆全部为预拌混凝土和预拌砂浆，其性能符合国家标准的技术要求。

第四章
绿色建筑新技术

>> 1 什么是健康建筑 <<

根据世界卫生组织（WHO）的定义，"健康"并非单指一个人的身体没有出现疾病或虚弱的现象，而是同时包括生理上、心理上和社会上的完好状态。那么，什么是健康建筑呢？2021年11月开始实施的《健康建筑评价标准》（T/ASC 02—2021）给出了如下定义：在满足建筑功能的基础上，提供更加健康的环境、设施和服务，促进使用者的生理健康、心理健康和社会健康，实现健康性能提升的建筑。

近年来，全球空气污染愈加严重，水源、土壤污染时有发生，食品安全、老龄化等社会问题越发突出。另一方面，建设健康中国逐渐成为我国重要的发展方向。住房城乡建设部《建筑节能与绿色建筑发展"十三五"规划》要求坚持以人为本，满足人民群众对建筑舒适性、健康性不断提高的要求；《住房城乡建设部建筑节能与科技司关于印发2018年工作要点的通知》指出了健康建筑是推动新时代高质量绿色建筑发展的重要途径。由此，"健康建筑"逐渐走入我们的视野，与每个人的生活都息息相关。

健康建筑的理念起源于绿色环保。但相比于绿色建筑，其更加注重为使用者营造健康的生活、工作、学习环境，并将建筑的健康性能归纳为空气、水、舒适、健身、人文和服务等六大要素。

保障健康建筑空气指标达标的方式主要有4种，包括对家具、建材、室外渗透和其他污染源的控制，设置空气净化设施，设定典型污染物（如PM2.5等）的限值，实时监测污染物浓度等措施。

创造健康建筑的水系统，必须依靠对重要水质参数的严格控制、水系统优化设计和实时在线监测系统。

为打造健康建筑人性化的舒适环境，健康建筑需要采取措施综合控制室内外声光环境和噪声，满足照明需求，使温湿度环境可调节，符合人体工学设计。

若要提高健康建筑使用者的身体健康水平，健康建筑可以设置室内外健身场地和种类丰富的免费健身器材，也可以采取健身激励措施。

实现健康建筑全方位人文关怀，需要设立沟通机制、活动和文娱场所，创造心理舒适空间和人文关怀环境，执行满足老年人使用需求的全人性化设计（如急救条件和安全措施等）。

健康建筑的物业管理机构应开发和完善健康管理系统，以加强食品安全保护，发布健康信息，宣传健康理念，组织健康活动，为使用者提供全方位的健康服务。

实际上，判断建筑是否健康，有着严格的评价标准，除我国现在使用的《健康建筑评价标准》（T/ASC 02—2021）外，还有世界卫生组织定义的15项健康住宅指标、美国WELL健康建筑标准等。无论哪种评价体系，其最终目的都是推动健康建筑发展，提高建筑健康性能和使用者健康水平，推行健康的生活方式。

2 什么是近零能耗建筑

我国正处在城镇化快速发展时期，经济社会的快速发展和人民生活水平的不断提高导致能源和环境的矛盾日益突出，建筑能耗总量和能耗强度上行压力不断加大。实施能源资源消费革命发展战略，推进城乡发展从粗放型向绿色低碳型转变，对实现新型城镇化、建设生态文明具有重要意义。

从1986年至2016年，我国建筑节能经历了"三步走"，即建筑节能比例逐渐达到30%、50%、65%。现阶段建筑节能65%的设计标准已经基本普及。建筑节能工作减缓了我国建筑能耗随城镇建设发展而持续高速增长的趋势，也提高了人们居住、工作和生活环境的质量。从世界范围看，建筑物迈向"更舒适、更节能、更高质量、更好环境"是大势所趋。

在全球齐力推动建筑节能工作迈向下一阶段的过程中，很多国家提出了相似但不同的概念，主要有超低能耗建筑、近零能耗建筑、（净）零能耗建筑，也相应出现了一些具有专属技术品牌的技术体系，如德国"被动房"（Passive House）技术体系等。

为贯彻国家有关法律法规和方针政策,提升建筑室内环境品质和建筑质量,降低用能需求,提高能源利用效率,推动可再生能源建筑应用,引导建筑逐步实现近零能耗,我国于 2019 年 1 月正式发布了《近零能耗建筑技术标准》(GB/T 51350—2019),该标准于 2019 年 9 月正式实施。

在迈向更低能耗的方向上,建筑发展的基本技术路径是一致的,即通过建筑被动式设计、主动式高性能能源系统及可再生能源系统应用,最大限度减少化石能源消耗。建筑能耗的 60% 甚至 70% 是由采暖系统、空调产生的,因此可以采用高性能保温隔热材料和非化石能源,以减少因采暖系统、空调而耗费的化石能源,甚至不使用化石能源。在此基础上,再配以节能设计、节能工艺、科学运行管理,可实现建筑节能的近零能耗[1]。

总之,近零能耗建筑以能耗为控制目标,首先通过被动式建筑设计最大限度地降低建筑供暖、空调、照明需求,再通过主动技术措施最大限度地提高能源设备与系统的效率从而降低能耗,在此基础上再通过充分利用可再生能源实现超低能耗、近零能耗和零能耗。在满足能耗控制目标的同时,建筑室内环境参数也应满足较高的热舒适水平,健康、舒适的室内环境是近零能耗建筑的基本前提。超低能耗建筑是近零能耗建筑的初级表现形式,其室内环境参数与近零能耗建筑相同,能效指标略低于近零能耗建筑。零能耗建筑是近零能耗建筑的高级表现形式,其室内环境参数与近零能耗建筑相同,同时还能充分利用建筑本体和周边的可再生能源资源,使可再生能源年产能大于或等于建筑全年用能[2]。

[1] 冯路佳. 徐伟:因时而进的近零能耗建筑 [N/OL]. 中国建设报,(2020-07-03)[2021-03-22]. http://www.chinajsb.cn/html/202007/03/11457.html.

[2] 中华人民共和国住房和城乡建设部,国家市场监督管理总局. 近零能耗建筑技术标准:GB/T 51350—2019[S]. 北京:中国建筑工业出版社,2019.

3 什么是装配式建筑

塑料拼插积木是时下流行的"网红"玩具。在说明书的指导下,通过对不同规格、颜色的积木进行堆叠、连接和组合,大家就可以轻松搭建出色彩缤纷的动植物、还原度极高的汽车模型、童话中的梦幻城堡,甚至是世界各地的地标建筑。现实生活中的建筑设计和施工是否可以像搭积木一样建造高楼大厦呢?答案是肯定的,如此建造出来的建筑就是装配式建筑。

装配式建筑是用预制部件在工地装配而成的建筑。区别于采用大量现场作业的传统建造方式,所谓"装配式"就是将在工厂预先加工好的建筑构件运送到施工现场并进行可靠连接,可适用于梁、板、柱、墙等各类重要建筑部件。

装配式建筑起源于西欧,经历了建立工业化生产体系、提高产品性价比和发展绿色装配式 3 个发展阶段。目前,发达国家的建筑主要采用装配式混凝土结构。我国从 20 世纪 50 年代起,以"一五"计划为标志,开始推行装配式建筑。随着新型建材和抗震技术的快速发展,如今我国装配式建筑行业已经进入了快速发展的新时期。2020 年 2 月,中国武汉用于抗击新冠肺炎疫情的两座临时医院分别仅用 10 天、12 天便建成了,其采用的就是钢结构箱式房屋装配式施工技术,突出体现了装配式建筑高效、灵活的特点。

常用的装配式建筑可以分为砌块建筑(墙板、楼梯、梁柱等建筑部件由车间集中生产加工)、板材建筑(由大型内外墙板、楼板和屋面板等板材装配建造)、骨架板材建筑(由预制骨架和板材组成建筑结构)、盒式建筑(房间单元为承重盒子形式,并与墙板和楼板组成整体)、升板和升层建筑(由板与柱联合承重,在底层浇筑楼板和屋面板并提升至设计高度)几种类型。根据工程实际选择不同的装配式技术,或者将多种装配式技术综合运用,既可以保证工程质量,又可以降低工程造价。

装配式绿色建筑可以减少施工污染,提高劳动生产效率,降低城市污染和能源消耗,实现真正的低碳生活。此外,近年来国家相继出台了一系列政策法规,大力扶持装配式建筑的发展。我们相信，在不久的将来，装配式绿色建筑就将在我们的生活中遍地开花。

4　什么是海绵城市

<<

　　提到"海绵"，大家都非常熟悉。"海绵"既可以指世界上结构最简单的多细胞动物（其主要成分是碳酸钙或碳酸硅以及大量的胶原质）；也可以指由木纤维素纤维或发泡塑料聚合物制成的一种常用多孔弹性材料。当然，也有由海绵动物制成的天然海绵。对于"海绵城市"这个词，相信大家或多或少会有些陌生——海绵是怎么和城市联系到一起的呢？

　　根据《国务院办公厅关于推进海绵城市建设的指导意见》（国办发〔2015〕75号）文件，海绵城市是指通过加强城市规划建设管理，充分发挥建筑、道路和绿地、水系等生态系统对雨水的吸纳、蓄渗和缓释作用，有效控制雨水径流，实现自然积存、自然渗透、自然净化的城市发展方式。通俗地讲，海绵城市就是形容城市能够像海绵一样，在适应环境变化和应对雨水带来的自然灾害等方面具有良好的弹性。

　　我国建设海绵城市坚持生态为本、自然循环、规划引领、统筹推进、政府引导、社会参与等原则，努力实现城市水体的自然循环，切实提高城市排水、防涝、防洪和防灾减灾能力；最大限度地减少城市开发建设对生态环境的影响，将70%的降雨就地消纳和利用。相关文件要求，到2020年，城市建成区20%以上的面积达到目标要求；到2030年，城市建成区80%以上的面积达到目标要求。

　　目前，我国海绵城市建设主要综合采取"渗、蓄、滞、净、用、排"等措施。这些措施听起来可能有些抽象，但在日常生活中其实有很多是与我们息息相关的海绵城市建设技术手段。

　　"渗"，即自然渗透，可以减少雨水的地表径流，补充地下水资源，改善城市微气候，降低城市的水泥下垫面对原有水文特征带来的消极影响，例如透水地面、透水道路等体现的就是"渗"。

"蓄",即调蓄雨水,避免内涝,降低人工建设对自然地形地貌的破坏。利用天然水系调蓄、设置地下雨水调蓄池和蓄水模块都是常用措施。

"滞"的主要作用是延缓短时间内形成雨水径流量的速度,用时间换空间。雨水花园、雨水湿地、植草沟等都是常用的雨水滞留措施。

"净",顾名思义就是净化水质,通过土壤、植被等对雨水进行净化处理,并将雨水再次用到城市中。目前较为常用的净化过程主要分为土壤渗滤净化、人工湿地净化和生物处理。

"用"是指有效利用雨水资源,缓解水资源缺乏。使用净化后的雨水洗车、冲洗道路等都是"把水用在原地"的有效方式。

"排",是利用城市竖向设计、防洪涝工程设施、天然水系和排水管道等相结合的综合措施来避免内涝等灾害,例如将绿化灌溉、补充地下水后仍然多余的雨水经市政管网排进河流,以及在降雨峰值过大时将超标雨水及时排放。

5 什么是智慧城市[1]

"智慧"一词出自《墨子·尚贤》中"若使之治国家,则此使不智慧者治国家也,国家之乱既可得而知已"。通常我们会用"智慧"来形容一个人的聪明才智。而21世纪的"智慧城市"又是什么样的呢?

根据国际商业机器公司(IBM)在《智慧的城市在中国》中的描述,智慧城市"能够充分运用信息和通信技术手段感测、分析、整合城市运行核心系统的各项关键信息,从而对于包括民生、环保、公共安全、城市服务、工商业活动在内的各种需求作出智能的响应,为人类创造更美好的城市生活"。我国2014年发布的《国家新型城镇化规划(2014—2020年)》中明确提出了推进智慧城市建设的目标,以及信息

[1] 本文主要内容引自《智慧的城市在中国》。

网络宽带化、规划管理信息化、基础设施智能化、公共服务便捷化、产业发展现代化和社会治理精细化等六项建设指标。

迅猛发展的前沿科技强有力地支撑了智慧城市在我国的建设进程。如今，物联网、大数据、云计算等已经成为建设智慧城市必不可少的科技手段。只看这些名称，大家可能会有些陌生，但说起下面这些运用了上述技术的日常设施，大家一定能对智慧城市有更加直观的认知。

智慧安防："平安城市"是我国为应对城镇化飞速发展带来的公共安全问题所提出的一系列规划政策，以安防监控为主要技术手段。"平安城市"的发展推进了智能安防向智慧安防发展的进程。智慧安防具有安防数字化、大数据化、物联化和视联化等特点。智慧停车场管理系统、入侵报警系统和公安图像综合作战平台等均属于智慧安防的日常应用。

智慧医疗：采用了物联网、大数据等智慧城市核心技术的智慧医疗可以实现病人与医生、医生与医生及多级医院之间的信息互通和数据统一管理，以及手术视频示范教学、远程会诊、远程监护等重要医疗功能，从而提升基层医疗服务能力和救治水平，均衡分配医疗资源。

智慧社区：智慧社区是由智慧建筑有机组合而成的智慧建筑群，是组成智慧城市的子单位，通常涵盖信息设施系统（如移动通信覆盖系统和有线电视系统）、公共安全系统（如电子巡查系统和电梯对讲系统）、建筑设备管理系统（如建筑设备监控系统和智能照明控制系统）、智能化集成系统（如社区资源共享平台）和应急指挥系统等。智慧社区通过集成应用新一代信息技术，为市民提供安全、舒适、便利的智慧生活环境。

智慧政务：智慧政务通过感知、整合、分析和智能化响应等现代信息技术实现政府管理和职能的精细化、智能化、社会化，从而打造服务型政府，解决企业和群众办事的"最后一公里"问题。网上办事大厅、网上行政审批系统和电子监察系统等智慧政务应用已经逐渐为大家熟识和使用，极大提高了群众的获得感和幸福感。

>> 6 什么是立体绿化 [1] <<

在上海，有这样一块儿"神奇"的微型公共绿地，其由高达 5.5 米的垂直绿墙、各色观赏花草、造型植物和动感水幕组成。它既是地下变电站通风机组的一部分，又是一处巧妙的"都市庭院"。

这样的绿化方式与我们常见的公园绿地、道边花坛有着怎样的不同呢？下面就让我们一起来了解一下。

立体绿化是近年来得到广泛应用的一种技术措施。对于地面平面绿化存量扩展空间极为有限的特大型城市而言，立体绿化的绿化效果尤其显著。通常来说，不与自然土层相连且高出地面 1.5 米以上的花园、植物组合、草坪，都属于立体绿化。立体绿化主要包括屋顶绿化、垂直绿化、沿口绿化和棚架绿化等类型。其相较于平面绿化有诸多优点，如整体绿量多、生态效果好，有利于保护建筑、节约能源等。

屋顶花园是最为人所熟知的立体绿化形式。对于可利用面积较小的学校、医院、办公建筑等，利用屋顶空间，挑选合适的植物进行布局设计，拓展绿色空间，是绿化的最佳选择。

垂直绿化顾名思义就是在建筑的垂直面上栽植各类植物，例如在建筑外墙、阳台、窗台等处种植攀缘植物，以充分利用空间，这样既可以增加绿化覆盖率，也可以改善建筑环境，达到降温、降噪和遮阴的效果，形成靓丽的城市风景线。

在绿色建筑评价中，是否具有立体绿化是一项重要的考察指标。《绿色建筑评价标准》（GB/T 50378—2019）中指出，屋顶绿化面积达到一定比例的建筑可以被认定为采取了有效措施降低热岛强度，可以获得一定的分数。此外，符合要求的立体绿化也可计入建筑场地的有效绿化面积，对提高绿化率具有积极作用。

总而言之，建筑采用屋顶绿化和墙面垂直绿化等立体绿化措施，既能增加绿化

---

[1]　本文部分内容引自《文汇报》2019 年 7 月 2 日刊登的文章《给建筑披上绿色"外衣"》。

面积，改善屋顶和墙壁的保温隔热效果，又可有效截留雨水，截尘，降低城市的热岛效应，是值得全面推广的绿色建筑新措施。

>> 7 什么是可持续设计 <<

相信大家对"可持续发展观"这个概念并不陌生，它是科学发展观的核心内容。可持续发展是指既满足当代人的需要，又不损害后代人满足需要的能力的发展。

那么，在建筑设计领域，"可持续"又是怎样体现的呢？

可持续建筑和可持续设计是如今时常被提及的热门概念，起源于20世纪90年代。经过多年的发展，可持续设计逐渐成熟，所涵盖的内容也更加广泛，含义更加丰富。例如，美国建筑师协会环境委员会（AIA/COTE）每年会评选出10个完美整合了优秀设计和绿色性能的年度优秀项目，这些项目的共性是以实用性和舒适性为设计前提，综合考虑建筑使用者、生态、节能和利旧等因素，贡献出为社会、经济和环境带来益处的设计策略。

那么，建筑的设计者又是怎样践行可持续设计理念的呢？

专业的可持续设计师会在建筑规划和方案设计及深化设计阶段充分考虑当地气候及场地特点，采用适宜的被动式设计策略，根据项目需求综合使用多种软件模拟计算分析，从空间布局、体形朝向、围护结构、绿色健康建筑技术措施等方面对建筑的风、光、热、声环境等进行分析和设计优化。

室外风环境模拟可对建筑物及建筑群的体形和布局起到指导作用；改善住区建筑周边人行区域的舒适性，通过调整规划方案建筑布局、景观绿化布置改善场地流场分布、减小涡流和滞风现象，有效改善场地微环境质量。室内风环境模拟则基于模拟分析结果指导和优化建筑内部布局，使建筑具有舒适的室内风环境和合理的气流组织形式，从而提高居住环境质量和改善生活品质，并满足绿色建筑评价要求。

可持续设计中的光环境模拟主要包括自然采光分析、眩光评价、建筑太阳辐射与日照时数模拟、遮阳效果模拟、场地日照分析等。适宜的日照与自然采光条件对建筑物的舒适和节能有着重要意义。

建筑热环境模拟对优化建筑室内舒适度、提高节能效果有着重要意义。通过建筑室内温度场模拟、建筑负荷模拟等热工分析，建筑设计者可对建筑围护结构热工性能设计、空调送风口布局设计等提出优化建议。而通过室外热岛强度模拟和场地热岛强度预测，建筑设计者可判断场地热舒适度，并对景观设计优化提出建议。

场地和建筑声环境对使用者的健康和舒适有着重要的影响，特别是对于医院、学校、高端社区等对声环境有着更高要求的建筑项目而言，建筑声环境模拟分析的重要作用日益显现。模拟分析结果除了可以用来预测场地噪声状况外，还可对建筑和景观基于声环境影响的布局、声屏障和声景观设计起到指导作用。

>> 8 工程师怎样预测建筑风环境 <<

天津是个风很大的城市，想必很多市民都曾遇到过这样的情况，大风天时，人们行至小区里的两栋楼之间，风速会突然加大，让人寸步难行，这就是所谓"街道峡谷效应"。在建筑的设计过程中，工程师应该尽可能地通过一些手段削弱"街道峡谷效应"。我国幅员辽阔，气候复杂多样，各地区均有特殊的风环境特征，如果建筑设计对风环境因素考虑不周，就易造成局部地区气流不畅，在建筑周围形成涡流和死角，使污染物不能及时扩散，进而影响到人们的安全和健康。

我们都知道天气可以被预测，那么建筑场地风环境出现不良状况可以通过哪些手段来缓解呢？

在新建建筑的设计初期，工程师可以借助先进的科技手段来验证建筑是否适应当地的气候条件。基于当代先进的计算机技术，通过计算流体动力学（Computational Fluid Dynamics，简称CFD）仿真模拟技术，用计算机对建筑物周围风流动所遵循的动力学方程进行数值求解，可以准确地模拟计算出建筑内外的三维速度场、温度场、压力分布等。由此，数据工程师可以分析和评价建筑群的室外风环境现状，并将其作为建筑设计规划的参考依据。

目前世界上有几类常用的 CFD 模拟软件，均可进行建筑风环境的模拟分析。

🏠 Phoenics

Phoenics 是世界上第一个流体力学及传热学的计算软件，由英国皇家工程院院士 D.B. 斯伯丁（D. B. Spalding）教授及 40 多位博士共同开发。该软件具有开放性强的特点，允许用户添加针对性较强的程序，并且允许输入用户自定义的边界条件、初始条件、材料物性等参数，可用于计算通风机运行工况、室内房间舒适度和温湿度等。

🏠 CFX

CFX 是全球第一个通过 ISO 9001 质量认证的大型商业 CFD 软件，由英国 AEA Technology 公司开发，在解决工程实际问题方面有较好的效果。CFX 一直将保证计算结果精准、丰富物理模型、增强用户扩展性作为其发展的基本要求。

🏠 Star-CD

Star-CD 是英国计算动力学有限公司（Computational Dynamics Limited）开发的全球第一个采用有限体积法与完全非结构化网格生成技术来处理工业领域中复杂流动的流体分析商用软件包。Star-CD 能够对绝大部分典型物理现象进行建模分析，具有较高速的大规模并行计算能力，而且 Star-CD 可同全部的 CAE 工具软件数据进行连接，从而加快工程开发与研究的速度。

最近，工程师小 F 接手了一个关于居住建筑的绿色建筑评价项目。在进行建筑场地风环境评价时，小 F 通过风环境模拟发现部分建筑之间由于距离过近出现了"街道峡谷效应"，在冬季风速较大的工况下，人行区风速过大，影响了行人的日常活动，并且局部建筑附近存在涡流现象。于是，小 F 向建筑设计专业的同事反映了这一情况，建筑师们将建筑之间的距离进行了调整，小 F 再次进行风环境模拟时发现"街道峡谷效应"和涡流现象明显减弱。这就是通过计算机模拟手段避免风环境中不良现象发生的典型案例。

此外，还有很多软件均能实现对建筑风环境的模拟。工程师对建筑底图的信息进行提取，在风环境模拟软件中对建筑场地风环境进行模拟，并对得到的结果进行分析，进而为建筑规划设计提供参考依据。

>> 9 工程师怎样预测建筑环境噪声 <<

我们的日常生活中很多地方都存在着噪声，如施工工地的噪声、广场舞的外放伴奏、道路上的机动车噪声等，这些噪声或多或少都会打扰到周围居民的生活。近年来，室外噪声污染正在被越来越多的人关注，建筑环境噪声及建筑隔声性能都是绿色建筑的重点评价内容。

相关研究表明，当环境噪声达到 60~65 分贝（A）时，人们的心情会明显变差；而环境噪声高于 65 分贝（A）则会严重影响人们的学习和工作效率。

那么，工程师在进行建筑设计时，怎样预测建筑环境噪声，从而将室外噪声对室内的影响尽可能降低呢？

在众多噪声类型中，交通噪声最为普遍，对建筑环境的影响也最大。目前，国际上已经有许多针对噪声预测的模型。20 世纪 70 年代末期，FHWA（Federal Highway Administration，美国联邦公路局）等相继研发出了相关的一些模型。我国公路环境影响评价交通噪声预测多参照美国 FHWA 噪声预测模式和我国原交通部发布的《公路建设项目环境影响评价规范》（JTG B03—2006）中推荐的噪声预测模式，一般将对绿色建筑环境噪声的预测分为以下两部分。

🏠 噪声模拟方案

对于环境噪声的预测可以通过噪声模拟软件进行计算。软件可以协助识别噪声的位置、来源及传播途径，进而生成有效的噪声地图，显示当前的噪声水平及其分布，从而有效地预测建筑噪声的影响并采取相应的缓解措施。工程师可以通过预测不同场景的噪声情况来制定最佳的解决方案，最大限度地减少噪声给人类生活、生产带来的影响。

对于室外噪声模拟，常用的软件是 SoundPLAN。它是目前最适用于绿色建筑的模拟软件，是一款可以进行外部噪声计算、建筑物透声计算、环境声传播计算、互动噪声控制优化设计的集成软件，能够协助工程师制定铁路、道路、飞机交通规划以及工厂等的噪声解决方案。

🏠 声音环境评价方法

A 声级是目前全世界使用最广泛的评价方法之一，几乎所有的环境噪声标准均用 A 声级作为基本评价量，它是由声级计上的 A 计权网络直接读出的，用 LA(或 LpA) 表示，单位是分贝 (A)。之所以选用 A 声级作为评价量，是因为它最接近人耳对不同频率声音响度的真实反映。不过由于 A 声级只反映了噪声升级的瞬时值，不能表示噪声与时间的连续关系，所以工程师也经常用等效连续声级评价，也就是在单位时间内将噪声的能量进行平均，这也是建筑声学最常用的评价方法。

《绿色建筑评价标准》（GB/T 50378—2019）中对主要功能房间的噪声等级提出了最低限度的要求，并规定了主要功能房间的外墙、隔墙、楼板和门窗的隔声性能标准，最大限度地减少了建筑噪声对人类的影响，进而保证人类正常的生产、生活。

10 工程师怎样预测建筑采光效果

1854年，亨利·戈培尔发明灯泡，在近200年后的今天，人工照明已经走进了千家万户。随之而来的是一系列由于过度使用灯具带来的能源与环境问题：白炽灯等能效水平较低的照明灯具导致了电能的浪费，不合理的灯具排布引起了室内眩光问题，过度使用夜景照明造成了周边环境的光污染……

随着绿色概念在建筑设计中扮演的角色越来越重要，采光也日益被重视起来。对人类来说，自然光是不可替代的。相关的医学研究表明，充分的光照可以减少佝偻病、抑郁症甚至某些癌症等的发病概率。

每一天建筑受到的阳光照射情况都是不同的，工程师又该怎样在设计阶段就预见到建筑未来的采光情况，并使其处于最佳的状态呢？计算机技术的发展使得预测建筑采光成为可能。

以美国最杰出的国家实验室之一、隶属美国能源部的劳伦斯伯克利国家实验室（Lawrence Berkeley National Laboratory，LBNL）为首的诸多机构均已研究出可以模拟建筑采光效果的软件。目前世界上很多商业用采光软件都基本实现了动态采光分析功能，如DAYSIM、DIVA-for-Rhino、IES-VE、Ladybug+Honeybee、SPOT、Radiance等。这些软件的动态采光逻辑可以根据太阳光照射地面的角度及其他相关数据计算天空的亮度信息，这样就能取得全年8 700多个小时的天空亮度分布数据。

DAYSIM的操作要求比较复杂，虽然用户界面简单，但使用体验并不好。软件本身未提供建模功能，每次只能对单一空间进行计算，计算结果仅能以简单的网页报告形式输出。目前DAYSIM的主要用户大多是科研院所的研究人员。DAYSIM的结果很难直接应用在常规的建筑设计过程中。

DIVA-for-Rhino基于犀牛软件平台开发，使建模可视化，操作简单，但是无法准确地自定义材料参数。其他的国外采光软件也存在对建模支持不够、计算精度不足、交互界面不友好等问题。最关键的是国外软件对国内标准要求的指标支持不足，无法自动匹配国内标准对应的参数要求，其成果报告形式亦无法达到国内标准的需求。

国内主要采用的绿色建筑采光模拟软件为绿建斯维尔开发的采光软件 DALI，支持基于《建筑采光设计标准》（GB 50033—2013）和《绿色建筑评价标准》（GB/T 50378—2019）的采光模拟计算，其计算结果已经通过了国家建筑工程质量监督检验中心的鉴定。DALI 动态采光计算的核心同样是 DAYSIM，以光线跟踪为基础进行天然采光分析。该软件的特点是基于国内建筑设计师广泛应用的 AutoCAD 平台开发，用户界面友好，只需要简单设置各项采光计算参数（如各种围护结构材料的反射比）后即可进行采光模拟计算，在实际模拟过程中可以实现一模多算，节省模拟时间。

动态采光模拟计算可对房间内的每一个采样点进行全年 8 700 多个小时的逐时动态计算，完成计算后可在底图生成对应的采光模型计算结果，可以用数值和符号代表计算点的结果情况。它可以在动态采光计算完成之后对各个区域的模拟结果进行统计，进而判断建筑的采光达标情况。最后其可以通过不同方式将计算结果呈现出来，如采光达标率统计表、分析结果区间色、过渡色彩图和逐日逐月达标统计图等，从而全方位、多角度地反映项目的全年动态采光效果。

11　什么是绿色施工

大家在日常生活中经过施工工地时是否只想快速"逃离"？尘土飞扬、异味发散、噪声隆隆的施工现场不但给行人造成了不便，更让周围的住户难以忍受。这样的建筑施工现场不但严重影响人们的生活，还会破坏城市环境，有悖于我国生态文明社会建设理念。因此，保障工程建设安全且环境友好的绿色施工应运而生。那么，绿色施工到底是什么呢？

一般来说，绿色施工是指工程建设中，在保证质量、安全等基本要求的前提下，通过科学管理和技术进步，最大限度地节约资源，减少对环境负面影响的施工活动。

绿色施工总体框架由施工管理、环境保护、节材与材料资源利用、节水与水资源利用、节能与能源利用和节地与施工用地保护6个要点组成。这6个方面涵盖了绿色施工的基本指标，同时也包含了施工策划、材料采购、现场施工、工程验收等各工程阶段的评价指标。2007年9月发布的《绿色施工导则》中详细介绍了绿色施工的技术要点，下面为大家一一介绍。

"施工管理"技术要点主要包括组织管理、规划管理、实施管理、评价管理和人员安全与健康管理5个方面。"环境保护"技术要点主要涉及扬尘控制、噪声与振动控制、光污染控制、水污染控制、土壤保护、建筑垃圾控制、地下设施、文物和资源保护。"节材与材料资源利用"技术要点主要涵盖节材措施、结构材料、围护材料、装饰装修材料和周转材料等内容。"节水与水资源利用"技术要点是根据工程所在地的水资源状况，制定节水措施。"节能与能源利用"技术要点主要包括节能措施、机械设备与机具、生产生活及办公临时设施、施工用照明等内容。"节地与施工用地保护"技术要点则主要涉及临时用地指标、临时用地保护及施工总平面布置等内容。

实施绿色施工，应依据因地制宜的原则，贯彻执行国家、行业和地方相关的技术政策，符合国家的法律、法规及相关的标准规范，实现经济效益、社会效益和环境效益的统一。施工企业应运用ISO 14000环境管理体系和OHSAS 18000职业健康安全管理体系，将绿色施工有关内容分解到管理体系目标中去，使绿色施工规范化、标准化。

绿色施工与通常的绿色建筑评价不同，它并不关注建筑的绿色性能要求，而聚焦建造中的过程控制。绿色施工也并不等同于文明施工，其内涵更丰富，覆盖范围更广，要求更严格。绿色施工不仅包括文明施工的全部理念，还对节能环保的施工技术及工艺、建筑材料和能源的节约有着明确、量化的规定。

我国一直提倡建设资源节约型、环境友好型社会。绿色施工是工程建设的必然环节，更是项目落地的直接步骤，它的实行与我们的生活息息相关。总体来说，绿色施工是建筑全生命周期中必不可少的重要阶段，也是实现建筑领域可持续发展与节能减排的关键环节。它涉及可持续发展的各个方面，是践行"四节一环保"的具体实践。全社会应该行动起来，践行绿色施工，实现低碳生活！

>> 12 混凝土可以"再生"吗 <<

混凝土是重要的建筑材料，但是在方便我们生活的同时，它在某些方面也给我们的生活带来不良影响。例如，我们平时可能会遇到建筑垃圾堆成的小山，它们通常是由家庭装修或拆除破旧建筑产生的，既会对环境造成极大的危害，又不利于社会的可持续发展。

由于经济的快速发展和城市化进程的加速，混凝土原材料的平均消耗量日益增加。相关资料统计分析表明，现阶段我国混凝土的年产量约占全球总产量（年产量约 28 亿立方米）的 46%。砂、石是构成混凝土最重要的原材料，是混凝土的骨架，因此砂、石被称为混凝土的骨料，又称集料。骨料的总体积占混凝土体积的 60%~80%，按粒径大小分为粗骨料和细骨料。

在以往经济建设的过程中，资源环境保护并没有获得充分的关注。人们多认为砂石骨料来源广，价格便宜，取之不尽、用之不竭，并大肆采掘，甚至出现滥采滥用的现象，对自然生态环境造成非常严重的破坏。

再生混凝土也叫作再生骨料混凝土。它指的是将一些废弃混凝土块通过回收、破碎、清洗、等级划分后，运用其中的一部分或者所有来替代天然骨料，再按相应的配比与水泥、砂、水搅拌配制成的新混凝土，从而使混凝土能够得到充分循环利用。

说到这里，可能有些朋友会有这样的担心：再生混凝土是回收再利用的产物，能否像传统混凝土一样坚固耐用呢？如果对再生混凝土进行专业处理，就可以保证其坚固性及耐用性。相关试验表明，当再生混凝土的水灰比降低至比普通混凝土的水灰比低 0.05~0.10 时，二者的吸水率相差不大。二次搅拌工艺可以提高再生混凝土的抗氯离子渗透性。试验结果显示，采用二次搅拌工艺的再生混凝土的氯离子渗透深度减小了 26%。吸水率和氯离子渗透深度等参数的降低均有利于提升再生混凝土的坚固性及耐用性。

由于再生混凝土的吸水率比天然混凝土高，因此，如果要保证混凝土的工作性能满足要求，就需要增加用水量，故再生混凝土的成本高于天然混凝土。但是从能源可再生利用的角度来讲，再生混凝土技术仍对绿色低碳社会的发展起着促进作用。

根据《绿色建筑评价标准》（GB/T 50378—2019）的 7.2.17 条，选用可再循环材料、可再利用材料及利废建材，评价总分值为 12 分。其中分项规定，当选用两种及以上的利废建材，每一种占同类建材的用量比例均不低于 30%，得 6 分。由此我们不难看出，《绿色建筑评价标准》对使用再生利废建材持鼓励态度。

通过以上内容可知，再生混凝土砌块技术及再生混凝土施工技术与绿色建筑理念相结合，有利于实现保护环境、节约能源、促进绿色可持续发展的目的。

13　什么是绿色金融[1]

说起金融，我们最先想到的颜色一定是金色。黄金的颜色是金色，货币俗称"金钱"……那么，时下新兴的"绿色金融"又是怎么一回事呢？"绿色"是怎么同"金融"产生联系的呢？

相信通过上文的介绍，大家对"绿色"的概念已经有了深刻的认识。我们通常用"绿色"形容与低碳、环保和健康有关的事物，而此处的"绿色金融"则是指为支持环境改善、应对气候变化和资源节约高效利用而进行的经济活动，即对环保、节能、清洁能源、绿色交通、绿色建筑等领域的项目投融资、项目运营、风险管理等提供的金融服务。

---

[1]　本文部分内容引自中国人民银行发表的《一图读懂我国绿色金融》。

值得骄傲的是，我国是全球首个建立了相对完善的绿色金融政策体系的经济体。2016 年，中国人民银行牵头印发《关于构建绿色金融体系的指导意见》，建立了国际上首个由中央政府部门制定的绿色金融政策框架体系。近年来，我国绿色金融标准建设正加快推进，绿色金融统计制度不断完善，市场主体环境信息披露日益规范，环境执法信息主动采集机制逐步成熟。

目前，常见的绿色金融服务主要包括绿色信贷、绿色债券、绿色股票指数和相关产品、绿色发展基金、绿色保险、碳金融等。根据《绿色建筑评价标准》（GB/T 50378—2019），需要申请绿色金融服务的建筑项目应按照相关要求对建筑的能耗和节能措施、碳排放、节水措施等进行计算和说明，并形成专项报告。

在我国大力推进绿色金融发展的同时，世界上其他国家也在进行着积极探索。美国允许多种企业或工程项目产生的碳减排量进入碳金融市场自由交易。英国作为低碳经济的创始国，大力支持清洁项目和绿色生态环保企业，提供政府融资担保政策。日本政策投资银行于 2004 年起实施促进环境友好经营融资业务，从而支持减轻环境污染，促进企业投资环保产业。

在可以预见的未来，我国将加快绿色金融改革步伐，加强金融创新，进一步加大对能源结构转型、绿色建筑、绿色交通、制造业减碳脱碳等绿色产业和绿色技术的支持力度，推动重点行业和领域的绿色改造，减少经济对碳密集产业的依赖，全力支持实现碳达峰、碳中和目标，彰显大国担当。

14　绿色建筑如何助力抗击新冠病毒 [1]

新型冠状病毒肺炎简称"新冠肺炎"。世界卫生组织将其命名为"2019 冠状病毒病"（Coronavirus Disease 2019，COVID-19）。目前，新冠肺炎在我国

---

[1]　本文部分内容引自住房城乡建设部科技与产业化发展中心发布的视频《各类绿色建筑如何助你抗击新冠病毒》。

已经得到了有效预防和控制，全国人民的正常生产和生活也已全面恢复。在这场没有硝烟的战斗中，所有人都艰苦奋战，甚至付出了巨大代价。无论是彻夜无眠、坚守在一线的医护人员和解放军战士，还是认真做好防护措施、积极投身社区防疫工作的每一个普通人，都为有效遏制曾经肆虐的疫魔作出了自己的贡献。

我们一直在讨论的绿色建筑和绿色技术措施在战"疫"过程中又起到了怎样的作用呢？下面就让我们从住宅、学校、轨道交通建筑、办公楼和医院等常见建筑类型的设计中一探究竟。

绿色住宅建筑通过优化户内建筑空间和平面布局设计，能产生良好的自然通风效果，避免污染物流通到其他空间。卫生间的排水系统使用自带水封的便器，能有效减少新冠病毒"粪口传播"的可能。疫情防控期间，在住宅的公共区域，对口罩等个人医护物品进行垃圾分类收集，可避免交叉感染。电梯由物业管理人员定时清洁和消毒，从而保证卫生安全。建筑内的智能化服务系统通过远程监控、智慧社区等功能减少人员间的直接接触，可以降低交叉感染的概率。在绿色社区内，人们通过合理选择健身空间，提高锻炼身体的积极性，增强免疫力，降低感染病毒的可能。社区的人脸识别门禁可以授权认证，控制人员的进出，有力保障了各种疫情防控措施的执行。

绿色学校建筑通过合理的建筑布局可保证室内良好的日照环境、采光和通风条件。室内空气质量监控系统与通风系统联动，能有效降低传染性细菌或病毒的感染概率。学校医疗设施为学生提供了医疗和健康保证。疫情防控期间，学校对体育器械等公共物品定期清洁消毒，并保证有足够的后勤人员采取管制措施，定期监测学生的体温及健康情况。

绿色轨道交通建筑的候车区等公共区域通过优化设计，促进自然通风，并设置空调通风系统保证清新空气供应充足。空调系统还可加装有效的过滤装置净化空气，卫生间等相对污浊区域可通过设置机械排风系统防止污浊空气串风回流，保证人员集中的公共区域的室内环境质量。设置在公共区域的信息显示屏能实时显示车站内的温度、湿度、污染物浓度以及紧急事态的相关信息，具有突发事件通知及应急处理引导功能。

办公建筑属于人员密集场所，也是抗击新冠病毒的主战场之一。优化设计后的绿色办公建筑能最大限度地利用自然通风及采光，在改善室内舒适度的同时还能帮助使用者远离新冠病毒。办公楼中设置的空气质量监测系统可以实时显示空气状况。针对办公建筑常用的中央空调，合理设计新风采气口的位置就能够保证新风质量；疫情防控期间关闭空调回风可避免空气掺混导致二次污染的发生。

现代绿色医院布局合理，传染病院、传染科病房的设置都考虑了城市常年主导风向的影响，设置了足够的防护距离，不会对周边产生影响。绿色医院也会根据病人的就诊流程合理确定各功能区间的分布位置，采取引导分流、动静分区、分层收费等方法，减少人员拥堵或穿梭的次数，避免交叉感染。在医院集中空调系统和风机盘管机组回风口采用低阻力、高效率的净化过滤设备后，滤菌效率可高于90%，除尘效率可高于95%。

没有一个冬天不会过去，没有一个春天不会到来。在绿色建筑技术为疫情防控助力之下，我们一定可以坚守疫情阻击战的胜利成果！

第五章
迎接低碳时代

1 什么是碳排放

自从进入工业时代，环境问题就备受世界关注。环境问题的恶化可能导致一系列问题，严重影响人类的生存。而其中最受人们关注的当属温室效应。温室效应主要是由温室气体的排放引起的，温室气体包括二氧化碳（CO_2）、甲烷（CH_4）、氧化亚氮（N_2O）、氢氟碳化物（HFCs）、全氟碳化物（PFCs）、六氟化硫（SF_6）等，碳排放则是温室气体排放的总称或简称。

在人类日常生活中，火力发电及供热时所燃烧的煤、燃油、天然气等不可再生能源的产物严重影响着空气环境；同时，农业、交通和建筑对碳排放的影响也较大。其中，供电供热、日常交通、建筑耗能等过程中存在化石燃料的燃烧，最终形成碳排放，其占比超过碳排放总量的六成。这些人类行为直接造成碳物质大量排放到空气中污染大气环境，加重温室效应的影响。

前文所提到的主要是人类日常行为活动引起的碳排放，大自然的循环过程也同样伴随着碳排放，其中农业领域碳排放的影响尤其不容忽视，例如牛脏腑内气体的排放就是农业当中重要的碳排放。

联合国粮农组织曾发表过一份长达数百页的报告——《牲畜的巨大阴影：环境问题与选择》（"Livestock's Long Shadow: Environmental Issues and Options"）。在这份报告中，联合国粮农组织研究了许多牲畜，如猪、牛、羊、鸡等造成的环境污染的程度，并指出全球 10.5 亿头牛排放的废气，是导致全球变暖的主要元凶之一：一方面，牛群排放的二氧化碳占全球二氧化碳排放量的 18%，这不但比其他畜禽的二氧化碳排放量高出许多，甚至超越了汽车、飞机等人类交通工具的二氧化碳排放量；另一方面，牛群在消化或反刍过程中会产生大量的甲烷，其排放量占全球甲烷排放总量的 1/3，相关研究表明这种气体暖化地球的速度比二氧化碳快数十倍。

根据碳排放的相关介绍，我们可以引出"碳汇"和"碳交易"这两个概念。

"碳汇"是指通过植树造林、植被恢复等措施，吸收大气中的二氧化碳，从而减少温室气体在大气中的浓度的过程、活动或机制。

"碳交易"是为了促进全球温室气体减排、减少全球二氧化碳排放所采用的市场机制。1997 年 12 月，世界各国于日本京都通过《京都议定书》。它要求引入市场机制参与解决二氧化碳排放增多的问题，并将其作为温室气体减排的新路径，即把二氧化碳排放权作为一种商品，从而形成了二氧化碳排放权的交易，简称"碳交易"。

近年来，由碳排放引发的对"低碳社会""绿色建筑""被动建筑"等概念的讨论越来越多，相关学者也有条不紊地针对这些问题展开研究。我们应该密切关注这些研究的成果，将人与自然紧密地结合起来，这样才能使人与地球更好地和谐相处。

2　什么是低碳

低碳（Low Carbon）是指较低（或更低）的温室气体（以二氧化碳为主）排放。工业革命以来，世界经济迅速发展，人口急剧增多。随着物产资源越来越丰富，人类的欲望也加速上升，并直接影响着人们日常的生产生活方式。对资源的无节制滥用导致全球气候日益恶劣，其中最直接的现象就是二氧化碳排放量剧增，臭氧层减少乃至局部出现破洞，引发生态危机，对人类赖以生存的环境产生极大危害。为了防止环境的进一步恶化，人类不得不减缓 GDP（国内生产总值）的增长速度，来挽回环境失控的局势。由低碳衍生出的名词也越来越多，例如"低碳社会""低碳经济"等。

低碳经济是指基于低能耗、低污染、低排放所建立的经济模式，在保证经济快速发展的同时尽可能减少经济负担与环境污染。

低碳生活是指在生活中要尽量减少能量消耗，特别是要减少二氧化碳的排放量，从而减少对大气的污染，减缓生态恶化。

低碳社会是指通过践行低碳生活，发展低碳经济，培养可持续发展、绿色环保、文明的低碳文化，形成具有低碳消费意识的"橄榄型"公平社会。

低碳工业是以低能耗、低污染、低排放为基础的工业生产模式，是人类社会继农业文明、工业文明之后的又一次重大进步。

低碳发展是一种以低能耗、低污染、低排放为特征的可持续发展模式，对经济和社会的可持续发展具有重要意义。

要想使地球环境保持低碳水平，核心就是要严抓"节能减排"，这直接关系到低碳节能能否长远发展。人们若要建立"节能减排"意识，就需要从改变自身生活方式或消费习惯开始，一起减少全球温室气体（主要是二氧化碳）的排放。此外，建立良好的低碳生活方式和理念，将低碳生活意识渗透到生活的方方面面，从而实现全人类的"低碳生活"方式，是实现低碳环保的当务之急。在社会层面，发展低碳经济，全面推进节能降耗，建设资源节约型和环境友好型社会，是实现可持续发展的必由之路，同时也是经济又好又快发展的重要保障。

>> 3 世界低碳发展的里程碑有哪些 [1] <<

🏠 世界地球日

1970 年 4 月 22 日，2 000 万美国民众通过集会、游行等多种活动形式参加了世界上第一个"地球日"活动，这标志着现代美国环保运动的诞生。这次"世界地球日"活动是有史以来首次大规模群众性环保行为，在一定程度上推动了西方国家相关法规政策的建立。50 多年来，随着全球一体化进程的不断推进和民众环保意识的不断增强，"世界地球日"逐渐成为全球性活动，警示人类要善待地球，保护环境。自20 世纪 90 年代以来，我国每年均由中国地质学会和国土资源部 [2] 组织"世界地球日"

---

[1] 本文部分内容引自外交部《〈联合国气候变化框架公约〉进程》。

[2] 2018 年 3 月组建自然资源部，不再保留国土资源部。

相关活动。2010 年 4 月 22 日是第 41 个世界地球日，我国"世界地球日"纪念活动的主题是"珍惜地球资源，转变发展方式，倡导低碳生活"。

《联合国气候变化框架公约》

20 世纪 80 年代以来，人类逐渐认识并日益重视气候变化问题。为应对气候变化，《联合国气候变化框架公约》于 1992 年 5 月 9 日通过，并于 1994 年 3 月 21 日生效。其核心内容如下。

（1）确立应对气候变化的最终目标。最终目标是"将大气中温室气体的浓度稳定在防止气候系统受到危险的人为干扰的水平上。这一水平应当在足以使生态系统能够可持续进行的时间范围内实现"。

（2）确立国际合作应对气候变化的基本原则。它主要包括"共同但有区别的责任"原则、公平原则、各自能力原则和可持续发展原则等。

（3）明确发达国家应承担率先减排和向发展中国家提供资金、技术支持的义务。

（4）承认发展中国家有消除贫困、发展经济的优先需要。

《京都议定书》及其修正案

为加强《联合国气候变化框架公约》实施，1997 年《联合国气候变化框架公约》第三次缔约方会议通过《京都议定书》，其于 2005 年 2 月 16 日生效。

2012 年多哈会议通过了包含部分发达国家第二承诺期量化减限排指标的《〈京都议定书〉多哈修正案》。第二承诺期为期 8 年，于 2013 年 1 月 1 日起实施，至 2020 年 12 月 31 日结束。《京都议定书》主要包括以下内容。

（1）缔约方（发达国家和经济转型国家）整体在 2008 年至 2012 年间应将其年均温室气体排放总量在 1990 年基础上至少减少 5%。欧盟成员国、澳大利亚、挪威、瑞士等 37 个发达国家缔约方和 1 个国家集团（欧盟）参加了第二承诺期，承诺整体在 2013 年至 2020 年承诺期内将温室气体的全部排放量从 1990 年的水平至少减少 18%。

（2）减排多种温室气体。《京都议定书》规定的温室气体有二氧化碳（CO_2）、甲烷（CH_4）、氧化亚氮（N_2O）、氢氟碳化物（HFCs）、全氟碳化物（PFCs）和六氟化硫（SF_6）。《〈京都议定书〉多哈修正案》将三氟化氮（NF_3）纳入管控范围，使受管控的温室气体达到 7 种。

（3）发达国家可采取"排放贸易""共同履行""清洁发展机制"三种"灵活履约机制"作为完成减排义务的补充手段。

🏠 《巴黎协定》

2015 年 11 月 30 日至 12 月 12 日，《联合国气候变化框架公约》第 21 次缔约方大会暨《京都议定书》第 11 次缔约方大会（巴黎气候大会）在法国巴黎举行。150 多个国家的领导人出席大会开幕活动。巴黎大会最终达成《巴黎协定》，对 2020 年后应对气候变化的国际机制作出安排，这标志着全球应对气候变化进入新阶段。《巴黎协定》主要包括以下内容。

（1）长期目标。重申 2 ℃的全球温升控制目标，同时提出要努力实现 1.5 ℃的目标，并且提出在本世纪下半叶实现温室气体人为排放与清除之间的平衡。

（2）国家自主贡献。各国应制定、通报并保持其"国家自主贡献"，通报频率是每 5 年一次。新的贡献应比上一次贡献有所加强，并反映该国可实现的最大力度。

（3）减缓。要求发达国家继续提出全经济范围绝对量减排目标，鼓励发展中国家根据自身国情逐步向全经济范围绝对量减排或限排目标迈进。

（4）资金。明确发达国家要继续向发展中国家提供资金支持，鼓励其他国家在自愿的基础上出资。

（5）透明度。建立"强化"的透明度框架，重申遵循非侵入性、非惩罚性的原则，并为发展中国家提供灵活性。透明度的具体模式、程序和指南将由后续谈判制定。

（6）全球盘点。每 5 年进行定期盘点，推动各方不断提高行动力度，并于 2023 年进行首次全球盘点。

4 我国低碳发展的里程碑有哪些

"低碳发展"是"低碳经济"的延伸与拓展。随着我国"低碳经济"发展到一定程度，对"低碳"的要求已经不仅仅局限于经济方面，体系化地将低碳行为贯穿社会生产生活各个环节的全新模式应运而生，也就是我们所说的"低碳发展模式"。综合发展需求以及面临的问题，经济学家付允及其研究团队将"低碳发展"定义为"在保证经济社会健康、快速和可持续发展的条件下最大限度地减少温室气体的排放"[1]。

党的十八大报告

2012年，党的十八大报告首次提出了"低碳发展"的概念，将"推进绿色发展、循环发展、低碳发展"列入国家发展战略。作为政府宏观布局的重要一环，"低碳发展"相关研究已具有一定的学术基础，是当下社会普遍关注的热点问题，具有缓解全球气候变化不利影响的战略意义[2]。政府的发文进一步推动了低碳行为在社会各个行业的渗透，促进了"低碳发展"框架体系的完善。"低碳发展"是"低碳经济"的核心，是新时代背景下我国乃至世界的发展大趋势。

绿色 GDP 核算及低碳发展水平评价

以低碳理念构筑绿色 GDP 核算标志着我国在"低碳发展"的应用上更进一步，迈向了崭新的阶段[3]，也意味着我国的"低碳发展"真正意义上从经济领域逐渐辐射到全产业。同时，随着低碳产业的蓬勃发展，低碳发展水平评价也应运而生，并逐渐形成完整体系。评价内容囊括社会低碳发展模式的诸多方面，包含产业、低碳技

[1] 付允，马永欢，刘怡君，等. 低碳经济的发展模式研究 [J]. 中国人口·资源与环境，2008，18(3)：14-19.

[2] 段红霞. 低碳经济发展的驱动机制探析 [J]. 当代经济研究，2010(2)：58-62.

[3] 刘助仁. 低碳发展是全球一种新趋势 [J]. 科学发展，2010(1)：20-28.

术产业链、绿色低碳一体化生产经营以及节能减排科学管理等方面[1]。绿色 GDP 核算及低碳发展水平评价均标志着我国综合国力的增强，以及在绿色低碳发展领域的先进性。

🏠 低碳立法

《中华人民共和国低碳发展促进法（2011 年 11 月 30 日代拟草案建议稿）》和《中华人民共和国能源法（征求意见稿）》（2020 年最新修订）等相关战略法规的相继出台，标志着我国在低碳发展领域已日益成熟[2]。同时，考虑到低碳发展是涵盖社会生产全行业的发展理念，在总体战略法规基础之上，相关辐射领域的基本法律法规也日臻完善，如《中华人民共和国可再生能源法》《中华人民共和国节约能源法》《中华人民共和国环境影响评价法》《中华人民共和国煤炭法》《中华人民共和国大气污染防治法》等。这些法律法规的颁布与修订，共同架构起我国的专业化低碳管理体系，体现了宏观调控的优势，有力保障着日新月异的低碳产业蓬勃发展。

5 "零碳"可以实现吗

2018 年 10 月，联合国政府间气候变化专门委员会（IPCC）发布了《IPCC 全球升温 1.5 ℃特别报告》。报告指出，如果气候变暖以目前的速度持续下去，预计在 2030 年到 2052 年之间，由于人类活动所造成的温升将达 1.5 ℃。报告还预估了气候变化导致的潜在风险，建议世界各国对此加强全球响应。报告同时建议，世界各国应发展多样化经济，避免过度使用矿物能源，加快能源系统转型，推行节能低碳的生活方式，减少碳排放。此外，根据中国电力新闻网的报道，"实现控温 1.5 ℃目标的最佳路径首先需要在 2030 年时将碳排放较 2010 年水平降低 45%，

[1] 刘光法. 胜利油田实施绿色低碳战略发展的思考 [J]. 油气田地面工程，2013，32(9)：3-4.
[2] 陈宗伟. 论我国低碳立法 [D]. 北京：对外经济贸易大学，2014.

其次在 2050 年实现零排放"。同年 11 月，欧盟发布了一项有关碳中和的长期计划，在政策法规、金融经济和科技研发等关键领域采取行动，力争到 2050 年实现碳中和，即将净碳排放量降至零。

"零碳"真的可以实现吗？

随着可再生电能利用成本的降低，与过去 10 年相比，通过绿色电气化等手段，全球在制造业、住宅供暖和公路运输等领域的碳减排已经取得了显著成效。但对于无法使用电气化或使用成本极高的工业领域，例如钢铁、水泥、化工和铝工业、长途物流（航空和长途路运）领域，碳减排仍然面临挑战。根据能源转型委员会（ETC）的数据，上述领域的碳排放约占碳排放总量的 30%。随着其他领域碳减排的逐步实施，这一比例将继续上升。

但根据能源转型委员会 2019 年的一份报告，在不考虑新技术出现的前提下，以对全球增长的微小影响为代价，在上述领域实现零碳排放是可行的。

利用氢气而不是焦煤作为还原剂，或在高炉操作中应用碳捕获和储存/使用法，可以使钢铁生产实现"零碳"。通过大幅增加塑料回收利用，利用现有的塑料或生物质作为新的生产原料，通过裂解炉、碳捕获和封存或新的电化学工艺的电气化，可以减少和最终消除化学碳排放。电池供电的电气化和氢气应用将是短途航运和航空业的重要技术；长途航运可以使用生物燃料或合成燃料，这些燃料的性能几乎完全等同于传统的喷气燃料；长途船舶的船用发动机可以燃烧氨，或由绿色材料通过电解产生的氢，或生物燃料。

因此，在 21 世纪中叶之前实现"零碳"，在技术上是可行的，在经济上也是负担得起的。但就目前的趋势来看，如果没有强有力的公共政策、重大的新投资和行业领导，还无法实现这一目标。对此，能源转型委员会和世界经济论坛将联合搭建由 7 个行业（卡车运输、航运、航空、钢铁、铝、化学品和水泥）组成的平台，汇集来自各行业的精英和领导者，致力于加速实现净零排放。该项目将为相关领域制定到 21 世纪中叶实现"零碳"的路线图，确定最有力的杠杆，驱动每个领域迅速过渡。平台将与公司、行业组织和政府部门深度合作，并在行业头部公司重大减排承诺的基础上寻求对平台行动的激励和保障。

综上所述，如果世界从现在开始采取有力行动，并在未来 30 年中持续行动，相信到 2050 年可以实现"零碳"目标。

>> 6 什么是低碳社会 <<

法国工业革命兴起后，生产力得到极大的解放和发展，人类社会发展的脚步不断加快。但是，快速发展同样引发了严重的生态危机，人类在日常的生产生活中排放的大量温室气体使全球气候变暖，自然环境遭到破坏，资源枯竭，极端天气频发。当前，世界各国都在积极采取应对生态危机的措施，寻找人与自然和谐相处的方式。如何在保证社会快速平稳发展的同时维护我们赖以生存的环境成了首要问题。在这种背景下，在发展低碳经济的基础上建设"低碳社会"就成了不二选择。

低碳社会与以经济效益为主的社会状态不同，它拥有独特的发展模式。该模式在保证人与自然和谐相处的前提下，引导经济社会可持续发展，不再单方面追求经济的快速发展而忽略发展对环境的影响。"低碳社会"模式通过鼓励多种经济增长方式并行发挥作用，实现社会的系统变革，从根本上解决人类目前面临的问题[1]。

气候变化影响着世界各国的生存环境，若要避免这种不良影响，全人类需要共同努力。目前，日本、欧盟、美国等发达国家和地区为了发展低碳社会，均制定了适合本国国情的发展战略。欧盟一直致力于建设低碳社会，早在 20 世纪 90 年代初，就提出到 2000 年将碳排放总量保持在相当于 1990 年时的水平的目标。英国是欧洲构建低碳社会的典型代表，其根据自身岛国的特点提出了低碳社会发展战略，包括利用发展低碳社会的机会创建新的经济增长点，增加就业岗位，进而减缓气候变化、抑制海平面上升等。美国政府自 2005 年起接连提出了《能源政策法案》和《能源独立和安全法案》，参议院又在上述两项法案的基础上提出了《低碳经济法案》

---

[1] 赵晓娜. 中国低碳社会构建研究 [D]. 大连：大连海事大学，2012.

来明确美国低碳社会的发展方向。奥巴马政府上台后，积极发展新能源，保障美国能源安全，在外树立低碳绿色的大国形象，在内刺激经济增长，增加岗位，创造就业机会。日本陆地面积小，森林覆盖率高，人口密度大，石油、天然气、矿产资源等不可再生能源储备量少，节能减排是保证其社会长治久安的基础，所以日本建设低碳社会势在必行。日本早在1997年就成立了"全球变暖对策本部"，2007年制定了"21世纪环境立国战略"，2008年出台了具体的《建设低碳社会行动计划》，2009年公布了《绿色经济与社会变革》政策草案。这些政策与战略部署内容均围绕推动低碳经济发展、创建低碳社会开展。

发达国家纷纷建立适应各自国情的低碳社会体系，构建低碳社会、发展低碳经济作为应对全球气候变化、保障能源安全的基本途径和战略选择正在全球范围内得到广泛认同。目前，我国还处于并将长期处于发展中国家阶段，工业、农业、交通运输行业正在蓬勃发展，这些领域都与能源使用不可分割，构建低碳社会成为国家发展方向的重中之重。正所谓"绿水青山就是金山银山"，我国应尽最大可能维持经济发展与生态环境之间的精细平衡，走生态优先、绿色发展的道路。根据国务院2021年发布的消息，要加快建立健全绿色低碳循环发展经济体系；同时国务院也从生产、流通、消费、基础设施、绿色技术、法律法规政策等6个方面对绿色低碳循环发展作出了部署安排。

>> 7 什么是低碳经济 <<

历经农业化、工业化及信息化3次文明浪潮之后，人类社会迎来了第4次文明浪潮——低碳化（又称绿色化）。应运而生的低碳经济（Low-Carbon Economy）席卷全球，引领着世界经济的发展趋势。

"低碳经济"听起来是抽象的经济学用语，但其实它在日常生活中无处不在，是一种贯穿生产、流通、消费和废物回收等全社会活动体系的低碳化发展的经济模式。简单来说，低碳经济是一种平衡经济社会发展与生态环境保护的经济发展新形态，其旨在根据可持续发展的理念原则，最大限度地减少高碳能源（如煤炭、石油等）的消耗，进而减少温室气体排放，以应对气候变暖等诸多全球化环境问题。作为"绿色发展"的经济基础，低碳经济的先进性在于摒弃了以往以牺牲环境为代价的经济增长模式，将技术创新、制度创新、产业转型、新能源开发等作为促进经济发展的有效手段。

低碳经济的提出最早可以追溯到 2003 年。英国能源白皮书《我们能源的未来：创建低碳经济》根据当时的消费模式预测，到 2006 年，英国 80% 的能源都将依赖于进口。为了避免潜在的能源危机，由前世界银行首席经济学家、英国政府经济顾问斯特恩爵士及其团队完成的《斯特恩报告：气候变化经济学》于 2006 年问世，呼吁全球向低碳经济转型。同时，英国也是世界上第一个公布碳预算并将其纳入国家政策的国家。

根据对碳源和碳足迹的统计分析，科学家们发现，21 世纪现代社会中的二氧化碳有 3 个主要来源：火电排放、汽车尾气排放和建筑排放。尽管我国正在大力推行清洁能源的使用，但火力发电仍是目前主要的发电形式，据统计，截至 2020 年，我国的火力发电约占全国电源结构的 59%。汽车尾气造成的碳排放量的增速是最快的，这个问题在我国尤为严峻。而随着我国城市化进程不断加快，各类型建筑数量持续稳定增长，建筑碳排放量同样也在稳定增长。

低碳经济发展体系基于低能耗、低污染和低排放的要求建立，目前已成型的基本架构主要由 3 部分组成：低碳能源系统、低碳技术和低碳产业体系。开发并发展清洁能源以代替传统的高碳能源（煤炭、石油）是低碳能源系统的核心。现今已比较成熟的清洁能源主要有风能、太阳能、核能、地热能和生物质能等。具有代表性的低碳技术主要是清洁煤技术（IGCC）和二氧化碳捕集、存储技术等。低碳产业体系则涉及火电减排、新能源汽车、节能建筑、工业节能与减排、循环经济、资源回收、环保设备、节能材料等多个方面。

低碳经济其实是"近在眼前"的学问，小到衣食住行，大到政府宏观调控。让我们从身边做起，以可持续发展的眼光和理念迎接低碳时代的到来，共同为美丽中国的建设贡献自己的力量。

8 我国是怎样发展低碳经济的

近年来，我国社会经济高速发展的成果是有目共睹的。截至 2019 年，我国的 GDP 已位居世界第二。但我国也是碳排放大国。随着国民可持续发展意识的增强，我国正向生产与环境平衡的资源节约型社会转型。作为全世界最大的发展中国家、世界贸易组织（WTO）成员国、"金砖国家"之一，以及"一带一路"倡议的发起者，我国更应该承担大国责任，顺应世界潮流，争做低碳经济先行者。

那么，我国在发展低碳经济方面有着怎样的作为呢？下面就让我们一起来了解一下。

我国对环境保护的重视由来已久，自20世纪80年代起至今，已陆续颁布了《中华人民共和国环境保护法》《中华人民共和国水污染防治法》《中华人民共和国大气污染防治法》《中华人民共和国环境噪声污染防治法》《中华人民共和国放射性污染防治法》《中华人民共和国环境影响评价法》和《中华人民共和国清洁生产促进法》等多部法律法规。环境保护是低碳经济的重要组成部分，这些法律法规为我国发展低碳经济提供了有力支持。

高碳能源的大量使用（比如传统的化石能源的过度使用）是发展低碳经济的绊脚石。对此，我国从"十三五"时期开始就已从国家政策层面进行宏观调控，积极调整国内能源消费结构，大力发展水能、风能、生物质能、天然气、核能等清洁能源。国家和地方都相继出台相应的扶持政策、补贴及奖励条文，倡导能源的梯级利用技术和政策双轮驱动，共同推动新能源产业的迅速发展。上海对新能源汽车产业尤其关注，为促进行业发展，以落户政策吸引人才。《上海市加快新能源汽车产业发展实施计划（2021—2025 年）》中明文规定利好政策：符合规定的新能源汽车人才，可以直接落户上海。2020 年 3 月 13 日，国家发展改革委、工业和信息化部、中央宣传部、财政部、商务部等 23 个部门联合印发《关于促进消费扩容提质加快形成强大国内市场的实施意见》，强调要落实好现行中央财政新能源汽车推广应用补贴政策和基础设施建设奖补政策，这显示出国家推行新能源、低碳能源的决心。"十四五"规划中的能源板块也早已启动。《能源生产和消费革命战略（2016—2030）》与党的十九大报告明确要求，"十四五"期间我国可再生能源、天然气和核能利用持续增长，高碳化石能源利用大幅减少。相信这必将带动并引领新一轮的新能源技术创新、改革与大发展。

2010 年，我国对外经济贸易大学和日本名古屋大学共同创办了国际低碳经济研究所。研究所致力于低碳经济相关的理论、政策、案例经验等内容的研究，着眼于"低碳化"在各产业领域的应用及整个低碳产业的创新与发展，同时立足中国并放眼全球，旨在推进低碳经济理论体系的建立，并为各国提供国家政策、战略支持。自 2012 年开始，国际低碳经济研究所逐年发布《中国低碳经济发展报告》，总结并展望中国低碳经济发展状况。

我国提出的"一带一路"倡议对全球经济贸易发展有显著的引领作用，且成果得到了国际社会的一致好评。我国创新性地提出以绿色投资推动沿线国家的可持续增长与节能减排发展，充分考虑到目标国家的气候环境和技术治理水平，并为其提供绿色资金、技术及人力方面的支持。我国同时提议以亚洲基础设施投资银行为绿色融资的示范性机构，大力建设低碳基础设施，为人类生态文明发展及减缓全球气候变暖作出相应的贡献。

9 什么是低碳工业 [1]

在全球气候变暖已经对人类生存和发展造成极大威胁的大背景下，"低碳工业"

---

[1] 本文部分内容引自记者韩鑫 2021 年 2 月 1 日发表于《人民日报》的文章《工业减碳发展增绿》。

概念应运而生。低碳工业是具有广泛社会性的前沿经济理念，并没有明确的定义，通常指的是以低能耗、低污染、低排放为基础的工业生产模式。近年来，随着社会各界对环境问题的日益重视，低碳工业涉及的范围也从工业生产领域广泛延伸至人们的生活方式中。

构建绿色低碳的工业体系，不仅是实现应对气候变化目标的必要手段，而且对工业可持续发展同样意义重大。

2020 年 9 月，我国在第 75 届联合国大会上提出，中国力争于 2030 年前达到二氧化碳排放量峰值，努力争取在 2060 年前实现碳中和。这是我国第一次在全球正式场合提出碳中和时间计划表。

工业是我国实现减排减碳的重要领域之一。根据《人民日报》记者对工业和信息化部节能与综合利用司有关负责人及相关专家与企业的采访可知，工业是中国能源消耗和二氧化碳排放的最主要领域，工业率先碳达峰是实现 2030 年碳达峰目标的关键。

近年来，我国在保持工业快速发展势头的同时，碳排放强度也在持续下降。由2020 年发布的《新时代的中国能源发展》白皮书可知，我国 2019 年碳排放强度比2005 年下降 48.1%，超额完成了 2020 年碳排放强度比 2005 年下降 40%~45%的目标，扭转了二氧化碳排放快速增长的局面。

根据工业和信息化部节能与综合利用司有关负责人的介绍，尽管工业减碳成绩显著，但当前我国仍然存在着工业结构偏重、绿色技术创新能力不强、高端绿色产品供给不充分、区域工业绿色发展不平衡等问题。"十四五"期间，围绕碳达峰、碳中和目标节点，实施工业低碳行动和绿色制造工程势在必行。未来，工业仍将是中国经济增长的主要动力，工业领域对碳排放总量仍有一定需求，随着工业能效不断提高，工业节能空间不断压缩，要确保碳达峰、碳中和的目标任务，工业部门需要进一步实现深度减排。低碳技术创新是实现工业应对气候变化发展的关键，应继续加强专项资金和金融支持力度，加快低碳技术的研发、示范与推广，例如在传统高耗能行业继续推广焦炉煤气制甲醇、转炉煤气制甲酸、水泥窑协同处置废弃物等高效低碳技术；同时，加强对二氧化碳的捕集、利用及封存技术探索。

中国社科院城市发展与环境研究所专家禹湘博士认为，我国的低碳发展之路将是以减少碳排放引致技术革新、就业增长、产业壮大等驱动下的经济增长。工业绿色发展在促进减排的同时，也将成为促进经济增长的重要动力。

>> 10　什么是低碳城市 <<

　　通过前面的介绍，相信大家对"低碳"概念有了一定的了解。那么"低碳"又是怎么和"城市"关联到一起的呢？什么样的城市可以被称为"低碳城市"呢？下面就让我们一起来了解一下。

　　低碳城市（Low-Carbon City）是指在经济高速发展的前提下，保证能源消耗和二氧化碳排放处于较低水平的城市。英国最早提出低碳社会的发展理念。早在2003年，英国颁布的能源白皮书《我们能源的未来：创建低碳经济》中就提出了低碳的发展理念。2010年7月19日，《国家发展改革委关于开展低碳省区和低碳城市试点工作的通知》将天津市列为低碳城市试点之一。

　　低碳城市是集社会、经济、文化和自然为一体的和谐的复合生态系统，其中物质的循环、能量流动和信息传递关联紧密，形成协同共生的网络，可以高效地实现能源充分利用，具有信息反馈迅速、经济发展高效、社会文明和谐、人与自然协同共生的机能。

　　随着可持续发展进程的不断推进和人们环境保护意识的日益增强，低碳城市的理念已经渗透到经济社会发展的方方面面，覆盖生产生活的各个领域，比如在城市非主干道路、广场、办公楼公共空间、庭院、公园等地方采用太阳能照明，在宾馆饭店、洗浴中心采用太阳能加电辅助热水系统或应用地源热泵、水源热泵等。

　　低碳城市同样也是指以低碳经济为发展模式及方向、市民以低碳生活为理念和行为特征、政府公务管理层以低碳社会为建设标本和蓝图的城市。

　　深圳市作为住房城乡建设部首个批准的国家低碳生态示范市，以"部市共建"

模式的全新面貌向低碳生态城市启航。深圳市在规划建设低碳产业、公共交通、绿色建筑、资源利用等方面积极探索，先行先试，节节推进发展观念、发展模式的根本性转变，力求建设资源节约型、环境友好型社会。

丹麦以低碳化节能项目为主进行社区节能实践，致力于发挥地方政府和社区居民在节能应用中的先锋作用和主动意识。丹麦贝泽（Beder）的太阳与风社区就是由居民自发组织建设的公共住宅社区。其竣工于 1980 年，最大特点为其以太阳能、风能作为主要能源形式，强调公共住宅设计和新能源的利用，实现节能降耗，并保持社区优美的居住环境。该案例只是丹麦建设低碳城市、发展低碳经济的一个缩影。实际上，丹麦可以当之无愧地被称为全球低碳发展的领跑者。早在 20 世纪 70 年代，丹麦政府就着手制定国家能源战略，积极开发新能源。在过去的 25 年中，丹麦经济增长了 75%，但能源消耗总量却基本维持不变，这不能不说是低碳式发展的巨大成功。这也为其他国家积累了宝贵经验，树立了信心。

那么，什么样的城市可以称为"低碳城市"呢？关于低碳城市的标准和评价指标体系，国内外已经有许多机构开展了大量研究。我国尚在推动低碳城市试点工作，目前对低碳城市并没有绝对的评价标准，而是综合考虑各地区的特点，根据不同发展阶段、产业结构而在不同城市探索符合当地特色的绿色低碳发展道路。由于不同地区的特点不同，绿色城市发展的情况也不尽相同。例如，东部发达城市已经基本完成工业化，所以绿色低碳城市的发展更加依赖先进的工业技术迭代；但中部和西部的城市才刚刚进入工业化起步阶段，绿色低碳城市的发展更应因地制宜。因此，低碳城市的发展要综合不同类型、不同发展阶段的地区，探索各自的绿色低碳发展模式；同时，也要为相似的地区提供可复制、可推广的经验。

>> 11 什么是碳捕集技术 <<

过量的碳排放会慢慢让地球"发烧"，引发全球性的气候问题，如全球气候变暖、能源危机等。作为当今世界碳排放量最大的国家，我国勇于承担大国责任，于2020年9月在第75届联合国大会一般性辩论上首次向全世界提出，中国要在2030年实现碳达峰，2060年实现碳中和。

全球性的气候危机迫在眉睫，如何能真正做到碳减排呢？碳捕集技术（Carbon Capture）可以说是最直观的一种解决方法了。"碳捕集"，顾名思义，就是把空气中的二氧化碳"捕捉起来"。

碳捕集技术并非只代表单一技术，其是所有可以有效去除大气中的二氧化碳的技术的总称。尽管现今还不能算作已经成熟的技术，但在全球节能减排的共识下，碳捕集技术得到了工业界和政府的一致看好。我国"十三五"科学和技术发展规划已将"发展二氧化碳捕集技术"列入条文，美国知名电动汽车公司首席执行官（CEO）马斯克甚至公开悬赏1亿美金激励最佳碳捕集技术的开发。

目前，普遍应用的碳捕集技术主要有3种：燃烧前捕集、燃烧后捕集和富氧燃烧捕集。从原理上看，燃烧前捕集技术和燃烧后捕集技术可应用化学及物理技术实现。前者是将煤气化得到的一氧化碳转化成二氧化碳后进行分离，而后者则是从煤燃料产生的烟气中捕捉二氧化碳从而避免其进入大气。富氧燃烧的工艺更为复杂，造价也较高。其须先将二氧化碳从空气中分离，得到的高浓度氧为煤燃料的充分燃烧提供了充足的条件，进而最大化地捕集二氧化碳。但三者均有一个共性要求，就是需要对二氧化碳进行精确分离并且有效捕获，从而追求最优的技术经济效果。

理想的碳捕集技术是从空气中直接捕捉二氧化碳。这个设想虽然在物理上确实可以实现，但造价过于高昂，并不经济，因此并不可行。尽管如此，目前在工业上已经进行了一些应用类似此种原理的研发工作，例如"工程化碳去除"（Engineered Carbon Removal）项目。西方石油公司和美国联合航空公司在美国得克萨斯州投资兴建了一座大型工厂，用于"空气中直接捕捉二氧化碳"。该工厂使用物理与化学相结合的方式去除空气中的二氧化碳，而后将其注入地下封存。

目前，欧美国家的碳捕集技术已形成一定的规模。美国、加拿大等发达国家陆续建立了碳捕集工厂，所捕集的二氧化碳的纯度及气量能达到可应用级别，进行商业推广后，已经占据了新能源市场的一席之地。这个新崛起领域的获利称为碳价值（C2V，Carbon to Value），在践行低碳可持续原则的同时，还能取得不俗的收益，一举两得。

碳捕集技术的推广应用是我国低碳经济得以长期发展的重要手段。目前，我国在此领域中面临的主要挑战是捕集耗能和成本均较高，且未达到世界领先技术水平。我国政府十分重视碳捕集技术的发展与前景，未来计划进一步扩大本技术的低能耗、规模化发展，努力降低技术前期投资与成本。2020年，我国已突破低能耗捕集关键技术，建立了封存安全技术保障体系，全流程示范项目规模也进一步扩大。

碳捕集技术的经济潜力也获得了金融界的青睐。美国知名银行高盛银行和富国银行已经对外宣布：安装碳捕集技术设备是新建或扩建燃煤、电厂得到资金支持的必要前置条件。

尽管碳捕集技术得到了各界的支持，高昂的费用还是为其应用带来了一定的阻力。科学家和工程师们仍在为攻克平衡技术应用效果和投资之间关系的难题而不懈奋斗。让我们共同期待碳捕集技术的进步和光明未来吧！

12 什么是碳封存技术

好不容易捕捉到了二氧化碳，但是下一个问题又来了：捕获的二氧化碳应该置于何处呢？若是直接向大气中排放，那捕捉便会失去意义。

在孜孜不倦的努力之下，科学家们终于探索出了一种可行的解决方案——对二氧化碳进行安全储存，我们称之为碳封存（Carbon Sequestration）技术。碳封存技术自1977年被确立为研究项目以来，由于受到各方面条件的制约，研究进程一直缓慢。进入21世纪以后，随着相关技术的进步，碳封存技术的研发开始迅猛发展。

碳封存技术也被称为"固碳技术"，它的实现思路其实并不复杂。陆地生态系统中的碳循环就是一条很明显的自然碳封存路径：植物可以在一定范围内吸收空气中的二氧化碳，用来合成自身需要的有机物。这种自然封存方法的优点是完全不需要任何成本，通过植树造林、加强对森林和湿地的保护便可达到预期的效果；但其过程较为缓慢，周期较长，而且增加种植用地也可能与全球性的城镇化建设产生冲突，即使留出相应的面积，其也不一定适宜固碳性高的植物的种植与生长。

与碳捕集技术类似，碳封存技术也代表一类技术的综合。联合国政府间气候变化专门委员会（Intergovernmental Panel on Climate Change，IPCC）的研究结果显示，二氧化碳稳定的物理和化学特性使其具有被长时间储存与封存的可能，这就是碳封存技术在原理上成立的基础。普遍来讲，碳封存可以分为地质封存（Geological Storage）和海洋封存（Ocean Storage）两类。从定义上来看，地质封存一般是将超临界状态（气态及液态的混合体）的二氧化碳注入地质结构中，这些地质结构可以是油田、气田、咸水层以及无法开采的煤矿等。海洋封存是指将二氧化碳通过轮船或管道运输到深海海底进行封存。目前，这项技术已可以应用到具体项目中。

2012 年 8 月 6 日，中国首个二氧化碳封存至咸水层项目获得重大突破，本项目也是目前亚洲唯一的 10 万吨级地下咸水层二氧化碳封存项目。作为科技部、国家能源局等部门支持的示范项目，本项目于 2010 年在内蒙古自治区鄂尔多斯市伊金霍洛旗启动建设，并于当年年底完成二氧化碳捕集、提纯、加压、注入设备安装和注入井、监测井的钻井工作，所设定的监测期长达 50 年。项目启动前，相关专家根据鄂尔多斯盆地的地质特点预测，该区域二氧化碳封存总潜力在 300 亿吨以上。

然而，当今世界的研究并不能为深层土壤和深海地区提供足够的材料支持，这两类地区尚属于待开发与拓展的领域。这也意味着碳封存技术在未来还有相当长的路要走。随着多年的技术发展与商业进化，目前碳捕集技术与碳封存技术已被整合成一个整体产业链，统称为碳捕集与封存（Carbon Capture and Storage，也被译作"碳捕获与埋存""碳收集与储存"等）技术。其具体是指将大型工厂所产生的二氧化碳收集起来，并用各种方法储存，以避免其排放到大气中的一种技术。它也是目前全球公认的能大规模减少温室气体排放、遏制全球变暖的最经济有效的方法。

13 什么是"蓝色碳汇"

蓝色碳汇，简称"蓝碳"，也称"海洋蓝碳"（Ocean Blue Carbon），是从海洋生物处捕捉到的碳的总称。具体来讲，其主要是指近岸、河口、浅海和深海生态系统中可保持的碳。目前已知地球上约55%的碳储存在海洋中，其主要以颗粒有机碳、溶解有机碳和溶解无机碳3种形态存在。

从遥远的太空俯视，我们的地球像一个蓝色的水球，海洋约占地球表面积的71%。地球上的海洋总面积约为3.6亿平方千米，平均水深约3795米，含有约13.7亿立方千米的水，约占地球上总水量的97%。浩瀚的海洋中蕴藏着无尽的资源，国际社会对蓝碳和海洋能的开发利用相当重视，随着科技的进步，已形成席卷全球的研究热潮。实际上，海洋的碳通量（单位时间和单位面积内碳增减的数量）和储量远超出我们的想象。已知的红树林、盐沼和海草捕集和存储的二氧化碳量分别是亚马孙原始森林的10倍、6倍和2倍，河口、海域、珊瑚礁也是极富潜力的蓝碳碳库。

"蓝碳"这一名词最早由联合国环境规划署于2009年在《蓝碳：健康海洋对碳的固定作用——快速反应评估报告》中正式提出。蓝碳的发展依托于全球低碳理念的发展，虽然仅仅始于21世纪，但潜力无限。

2016年，"蓝碳"概念被引入中国。我国政府对此高度重视，主要原因有两点：一是我国领海面积居世界前列，有优越的自然条件和巨大的开发潜力；二是政府大力进行生态文明建设并制定了减排增汇战略。总之，发展蓝碳，对我国完成碳达峰、碳中和目标有着重大意义。

2017年可以被称为中国蓝碳元年，政府与行业专家们共同努力制定了与世界接轨、与国情结合的蓝碳发展规划，为蓝碳理论体系发展壮大奠定了良好的基础，例如建立概念和研究方法、制定标准、推广政策等。蓝碳发展新时代的开启，显示了我国日益增强的研发实力以及政府实施生态治理的决心。2018年出版的《蓝碳行动在中国》一书对此有更加详细的介绍。

在中央的宏观调控下，各省、市政府已经开始推行海洋生态系统碳汇试点工作。一些临海省份，如海南省和江苏省，已陆续开展规划及召开讨论会，助力蓝碳产业从理论迈向实践。

中国蓝碳的发展与海洋业发展相辅相成、密不可分，是促进我国新时代海洋转型的重要产业。其未来的主要发展思路可以概括为：助力二氧化碳减排，顺应我国低碳发展策略；作为环保理念转型的核心路径之一，促进我国海洋产业的绿色低碳化发展；通过建立蓝碳认证体系，科学规范海洋生态环境建设与修复工作。

大海是生命的起源，也是地球上最大的二氧化碳吸纳器与存储器。发展蓝碳，践行低碳，生态海洋建设的大幕已经悄然开启，保护气候环境需要全社会共同的努力！

>> 14 什么是绿色低碳建材 <<

建筑被浪漫地形容为钢筋和混凝土的合奏。由此可见，优秀的建筑应该是在设计指导下的各种建材的有机组合。如果我们将绿色建筑比作人体，那么绿色建材就是"细胞"，是实现绿色低碳的最基本成分。

通常来说，绿色低碳建材是指采用清洁生产技术，不用或少用天然资源和能源，大量使用工农业或城市的固态废弃物生产的无毒害、无污染、无放射性，达到使用周期后可回收利用，有利于环境保护和人体健康的建筑材料。

绿色低碳建材也被称为"新型建筑材料"，根据使用需求及相关节能要求可以简要分为如下几类：节省能源和资源型、保健功能型、环保型、特殊环境型及安全舒适型。

绿色低碳建材概念的先进性在于其并非只注重某一方面的性能，而是着眼于材料生产及使用的全周期。具体来讲，绿色低碳建材对原料选用、产品制造、产品使用和废弃物处理这 4 个主要环节均有严格的要求，力求最终产品能达到健康安全且环保优质的要求。

目前我国绿色低碳建材产业已逐渐市场化和成熟化，不断推陈出新，新型产品日益壮大着建材家族。以高性能水泥和耐久混凝土等为代表的绿色水泥产品、以双层/三层中空和真空低辐射（Low-E）玻璃等为代表的新型节能窗材、以新型沥青基树脂复合防水材料为代表的新型耐久防水材料以及以低导热系数为代表的绿色墙体材料等无一不是绿色低碳建材技术的最新优质成果。

随着政府及全社会对绿色建筑事业发展的重视和持续推进，绿色建材产业已逐渐形成具有中国特色的工业体系。中国工程院院士、中国建材研究院教授顾真安专家就我国的建材工业战略发展目标提出了宝贵建议：到 2020 年基本淘汰落后生产力，绿色建材生产技术和产品超过建材工业总量的 90%。同时，《关于促进建材工业稳增长调结构增效益的指导意见》（国办发〔2016〕34 号）出台，就之后一段时期化解水泥、平板玻璃行业过剩产能，加快建材工业转型升级，促进建材企业降本增效实现脱困发展作出具体部署。《关于推动绿色建材产品标准、认证、标识工作的指导意见》（国质检认联〔2017〕544 号）、《关于印发绿色建材产品认证实施方案的通知》（市监认证〔2019〕61 号）等政府文件也相继发布。由此可见，政府及相关部门对进一步发展绿色建材的决心之坚定。

值得注意的是，除了政策扶持外，制定合理严谨的绿色低碳建材认证标准更是实现产业制度化和标准化的不二路径。目前，国际上尚无统一的绿色低碳建材标准，但我国在《绿色建筑评价标准》（GB/T 50378—2019）中的"资源节约"章节中已经有了相关判定标准，且各省市也陆续制定了相关的绿色建材地方标准。我国的绿色低碳建材产业正蓬勃发展，市场潜力值得期待。

>> 15 怎样帮助建筑"减碳" <<

一提到"低碳"或者"减碳",我们往往最先想到是控制汽车尾气排放量和降低工业生产过程中的温室气体排放量。但随着城市化进程的加快,建筑业如今已成为碳排放"大户"。根据联合国政府间气候变化专门委员会的统计数据,我国建筑领域碳排放量占全国总碳排放量的近 1/3。同时,近年来"低碳经济"的兴起也促使建筑向绿色低碳的方向转型与发展。建筑用能低碳化必须融合智慧化。电气化是建筑碳中和的主要路径。

建筑低碳技术主要分为节能低碳技术与低碳建材两个方面。在节能低碳技术方面,我国于 2014 年颁布了《国家重点节能低碳技术推广目录》。总体来说,建筑节能低碳技术主要可以概括为:建筑本体设计、机电系统设计、能源系统及建筑外环境设计。2020 年,中央经济工作会议明确指出"做好碳达峰、碳中和工作"是 2021 年八项重点任务之一。生态环境部环境规划院院长和副院长强调,"十四五"时期是实现我国碳达峰目标的黄金时期。他们对低碳技术发展提出专业建议,提议政府出台低碳科技专项发展战略,加大技术支撑及研发力度,建立示范工程。各省市也响应国家号召,对低碳技术大力推广和应用。北京市发展和改革委员会注重技术应用,于 2018 年发布了《北京市节能低碳技术产品应用案例汇编(2018 年)》;河北省生态环境厅于 2020 年发布了《河北省低碳技术推广目录(2020 年)》;深圳市工业和信息化局发布了 2020 年绿色低碳产业扶持计划,鼓励并支持低碳技术的产业化发展。

在产学研各界的共同努力下,一些比较成熟的低碳技术已经真正地应用到工程项目中,并显示了优良的使用效果,具有示范意义。下面以光导照明技术为例,让我们一起来看看它是如何应用于实际工程中的吧。

光导照明技术主要应用于建筑本体设计的过程中。简单来说,其是通过采光罩采集并利用自然光达到照明效果的一种新技术。目前该技术比较成熟,已有相关产品并被广泛使用，如导光筒。通过这种方式，可以充分利用自然光资源，避免或者减少电力使用，进而达到节能减排的效果。

天津市建筑设计研究院新建业务用房及附属综合楼工程荣获 2020 年全国绿色建筑创新一等奖，该工程就采用了上述技术。在前期的方案设计阶段，考虑到自然采光效果及人们对健康舒适的要求，项目进行了优化设计。为改善地下空间的自然采光效果，地下物业用房一侧设有采光通风井，附属综合楼地下楼梯间设置导光筒，极大地改善了地下空间的室内采光通风效果。

建筑是人们的"避风港"，与人类生产生活密不可分。遏制温室效应，为地球母亲降温，帮助建筑"减碳"势在必行。当建筑更加绿色、低碳，人类的生活也会更加健康、舒适。大美生态地球的景象值得我们共同期待！

第六章
低碳生活面面观

1 什么是"碳足迹"

"碳足迹（Carbon Footprint）"的概念最早出现于 2007 年。根据《中国国土资源报》相关文章的介绍，"碳足迹"表示一个人的能源意识和行为对自然界产生的影响，简单地讲就是指个人或企业的"碳耗用量"。其中"碳"，就是石油、煤炭、木材等由碳元素构成的自然资源。碳耗用量多，导致全球变暖的元凶"二氧化碳"也就制造得多，"碳足迹"就大；反之，"碳足迹"就小。"足迹"形象地比喻了人类在地球上不断增多的温室气体中所留下的痕迹。

一个人的碳足迹可以分为第一碳足迹和第二碳足迹。第一碳足迹是因使用化石能源而直接排放的二氧化碳，例如交通工具消耗燃油、发电厂消耗煤炭等产生的温室气体排放量。第二碳足迹是因使用各种产品而间接排放的二氧化碳，例如日常生活中购买的饮料在其生产、配送、零售、消费和使用过程中产生的温室气体排放量。

另一方面，从应用的角度出发，"碳足迹"也可进行以下分类。

（1）个人碳足迹，指每个人日常生活中的温室气体排放量。

（2）产品碳足迹，指产品从制造、运输、使用到废弃整个过程中产生的温室气体排放量。

（3）企业碳足迹，指产品碳足迹与企业非生产性活动的温室气体排放量总和。

（4）国家碳足迹，指国家整体物质使用与能源消耗所产生的温室气体排放量。

世界经济快速增长带来的生态压力与日俱增，碳足迹已经成为国际公认衡量资源消耗的指标。越来越多的制造商开始关注产品碳足迹计算并加入减量排放的行列。经过 10 余年的发展，"碳足迹"概念在我国深入人心，许多知名企业已经开始进行"碳足迹"评估和相关研究。然而我国"碳足迹"相关标准制定起步较晚，目前应用较为广泛的是 PAS 2050：2011《商品和服务在生命周期内的温室气体排放评价规范》。

可以预见，随着人们环保意识的不断增强和绿色科技的不断发展，"碳足迹"

和相关计算将在全世界范围内得到更加广泛的应用，全球气候变化将得到更加积极的应对。

2　怎样计算"碳足迹"

随着人们生活水平的不断提高，越来越多的消费者青睐购买进口食品，在很多人心中，"进口食品"就是健康、优质的代名词。但是，根据中央电视台播报的一条国际时讯，新鲜的食物在长距离运输中会排放出大量二氧化碳等温室气体。例如，从新西兰运输 1 千克猕猴桃到英国，会排放 1 千克二氧化碳；而如果是当地自产自销的猕猴桃，其二氧化碳排放量则仅有 50 克，相差约 20 倍。此外，长距离运输所需的交通工具如飞机、火车、轮船排放的温室气体也会增大"碳足迹"，这也是全球变暖的原因之一。在旅游景区经常可以看到这样的提示："除了脚印，什么都不要留下；除了美景，什么都不要带走。"实际上，在旅行过程中，人们乘坐的交通工具、使用的产品都会直接或间接地在景区留下"碳足迹"。想践行"低碳旅游"，就要做好出行计划，尽量减少旅行过程中造成的温室气体排放。

由此可见，学会计算"碳足迹"可以帮助我们更好地了解自己的日常行为，审视那些非必要的"高碳行为"，实现节能减排。

碳足迹主要有两种计算方法：利用生命周期评估（LCA）和通过所使用的能源矿物燃料排放量计算。其中，前者更为准确和具体。此外，根据《京都议定书》，温室气体除二氧化碳外，还包括甲烷、臭氧、氧化亚氮、六氟化硫、氢氟碳化合物、全氟和氯氟烃等。为统一标准，简化计算，PAS 2050：2011《商品和服务在生命周期内的温室气体排放评价规范》将上述气体均转化为相应数值的二氧化碳。

为方便非专业人士估算自己的二氧化碳排放量，世界各国的环保组织发布了一系列"碳足迹"计算公式，如表 1 所示。

表1 "碳足迹"计算公式

日常行为	计算公式
家居用电二氧化碳排放量/千克	耗电度数 ×0.785
驾车二氧化碳排放量/千克	油耗升数 ×0.785
乘坐飞机短途旅行(≤200千米)二氧化碳排放量/千克	千米数 ×0.275
乘坐飞机中途旅行(200~1 000千米)二氧化碳排放量/千克	55+0.105 ×（千米数−200）
乘坐飞机长途旅行(≥1 000千米)二氧化碳排放量/千克	千米数 ×0.139

此外，越来越多的企业与环保组织发布了"碳足迹计算器"。在网页或者手机客户端输入相关情景，就可以估算出一个人的行为"碳足迹"，甚至是全年的"碳足迹"总量。通过数据，"碳足迹计算器"可唤起社会公众对于节能减排、保护环境的责任感和使命感。

>> 3 什么是低碳生活 <<

陶渊明钟情于"采菊东篱下"的田园生活；苏轼追求"我欲乘风归去"的浪漫生活；杜甫则为底层人民发声，怀着"安得广厦千万间，大庇天下寒士俱欢颜"的宽广胸怀，选择心怀天下的生活。时代变迁，生活方式变了又变，21世纪最流行的现代生活方式和理念是什么呢？答案一定是注重健康环保的"低碳生活"。

顾名思义，"低碳生活"是指在生活中降低以二氧化碳为主的温室气体排放量，进而达到缓解全球气候变暖、生态危机等环境问题的效果，是一种"低能量、低消耗、低开支"的新型生活方式。低碳生活的兴起与"低碳经济"的出现有着紧密联系，前者更加注重日常生活领域，后者则更多关注发展战略与价值创造。二者相生相伴，标志着人类社会正逐步进入低碳时代。

低碳生活涵盖人们日常衣、食、住、行等诸多方面。我们在树立绿色健康的环保理念、践行低碳生活时，应该遵循以下原则。

（1）减少消耗。人类生产生活的各个方面均需要利用资源，从源头上避免不必要的浪费与消耗是养成良好低碳生活习惯的第一步，减少消耗也是节约资源的另一种方式。这也是我国建立集约型社会的初衷及核心方式之一。

（2）减少排放。二氧化碳是全球温室效应的元凶，减少二氧化碳排放是最直接的应对方案。

（3）减少污染。污染会破坏环境，如水污染、大气污染、固体废物污染等均会对地球母亲造成不可逆转的伤害。

（4）减缓生态恶化。地球的生态系统具有一定的自我更新及自愈的能力，但超出一定极限就可能会使人类丧失生存的家园，所以我们必须遵守减缓生态恶化的原则。

低碳生活代表着一种先进的生活理念，是可持续发展和节能减排原则的延伸。近年来，我国积极提倡全社会践行低碳生活。除了各级政府和社区定期举办丰富多彩的科普活动之外，我国还将"低碳生活"相关知识纳入教材，从儿童教育抓起，培养生活中的点滴好习惯。在我们的身边，倡导低碳生活的例子比比皆是。据笔者了解，目前很多城市的年轻人都喜欢去"低碳生活体验馆"了解有关知识，通过亲身体验来加深对"低碳生活"的形象认识，使"低碳生活"成为最新潮流。

4 低碳生活会降低生活质量吗

提到"低碳生活"，有些朋友可能认为这种全新的生活方式会影响他们生活的舒适度和品质，甚至使自己的生活水平降低，因而产生抵触情绪。

其实这种担忧是大可不必的。从宏观角度看，低碳生活方式体现了全世界保护环境、造福子孙后代的共识与决心；同时，它基于可持续发展的理念，倡导更加绿色健康的生活态度，可以使我们养成节能环保的好习惯。下面让我们一起对两个常见的认知误区"扫扫雷"。

"节约"不等于"不用"。"低碳生活"以科学的理念指导人们的生产生活，是一种避免浪费、合理利用自然资源的崭新生活方式。它提倡从节电、节气和回收三个方面出发，更加关注细节，呼吁人们养成绿色生活的好习惯。例如，低碳生活不是阻止人们外出，而是呼吁人们在出行时尽量选择自行车、公交车、地铁等绿色出行交通工具，避免过度使用私家车；提倡节约用水不是阻止我们使用水资源，而是鼓励我们在日常生活中通过选用节水器具和利用中水等方式合理利用水资源。

　　"低碳生活"道路上你我同行不孤单。"低碳生活"代表着人人有责，我们不妨称之为社会行动，它需要全社会共同推行。近年来，世界上许多国家都根据国情制定了一系列支持"低碳生活"的政策与措施。德国设立了家庭环保项目，鼓励居民从日常小事做起，践行低碳生活。英国则结合国情，以社区为单位推广低碳生活，建立了以贝丁顿（BedZED）为代表的诸多低碳生活社区。作为全球碳排放大国之一，我国除了在政策和法律法规上进行宏观调控外，地方各级政府也相继出台了面向全产业低碳化的补贴政策，例如扶持新能源汽车产业，建立零能耗绿色建筑评价机制以及针对节能家电发放补贴等。

　　现在，相信大家已经了解到，低碳生活不仅不会降低生活质量，从长远来看反而能够有效提高人们的幸福指数。我们希望更多的朋友能够加入低碳生活行动中，以节能减排的行动，守护全人类共同的家园。

>> 5 怎样度过低碳的一天 <<

　　通过之前的介绍，相信大家已经在心中逐渐树立起要"低碳生活"的决心，那么在行动上我们应该注意些什么呢？下面就让我们跟随新入职的绿色建筑工作者小W一起，看看上班族的低碳一天是怎样度过的。

　　叫醒小W、开启元气满满的一天的，是一个不使用干电池的机械闹钟。在小W的卫生间里，两挡型抽水马桶和水龙头等洁具早已是目前国家大力提倡的二级节水器具。小 W 使用这些节水器具迅速高效地完成了洗漱。洗漱完毕后，小 W 简单地按照一人健康食的标准准备了早饭，并用淘米的水浇灌了屋里的绿植和盆栽以避免浪费。

接下来，小 W 通过楼梯下楼后，准备出发通勤。自从入职以来，小 W 坚持每天骑共享单车上班，骑车所用时间和使用私家车差不多；早高峰的时候，骑车甚至可能比开车用时还短。

准时到达单位后，小 W 响应电梯旁提示牌上"二层以内请走楼梯"的倡议，走楼梯来到办公室。打开工位上方的 LED 节能灯，根据室内的明暗调整好灯具的亮度，摆正用旧打印纸订成的记录本，打开电脑，小 W 开始了一天的工作。虽然入职没多久，但是小 W 已经养成了良好的低碳办公习惯：坚持开窗通风，减少空调的使用；根据室内光线调整电脑显示器的亮度；尽量采用电子化的办公方式，需要打印办公文件时则双面打印……

到了午休时间，努力工作了一上午的小 W 感到有些饿了，便将电脑切换到睡眠节电模式，并关闭了显示器。她和同事们选择去食堂吃午饭，自备的餐具既卫生又环保，在小 W 的带领下，大家一起减少了对一次性餐具的使用。

下午，小 W 接到了去其他公司对接的任务。通过查询地图，她选择了乘公交转地铁的绿色出行方式，这样既节省了出行成本，也降低了碳排放量。

回到单位已是傍晚，小 W 按部就班地做好了当天的总结工作。确保办公室所有用电设备都妥善关闭后，她结束了一天的工作。

在回家路上，小 W 带着自备的布购物袋顺路去市场买菜，没有使用商家提供的塑料袋。饭后洗衣服时，小 W 选择了洗衣机的"节水模式"将衣物清洗干净，这样不但可以节约水资源，还能节约洗衣粉，又提高了洗衣效率。

睡觉前，小 W 与朋友们互相问候，并相约周末一起去湿地公园远足。小 W 结束了充实又有意义的低碳的一天。

经过小 W 的示范，大家不难发现，低碳生活并不是超出我们能力范围的复杂生活方式，它其实是一种自律的生活态度与习惯。在日常生活中，我们也需要像小 W 一样常怀环保之心，身体力行，低碳生活，这样才能真正做到与自然和谐共生。

>> 6 低碳生活之"衣" <<

纺织业的"小白"——棉

当今社会物质丰富，衣物样式和材质可谓多种多样。随着纺织科技的发展，化纤面料以结实耐用、易打理、生产成本低等优点在人们的生活中扮演着越来越重要的角色。但是，大家是否知道工厂在生产各种化纤面料的时候需要消耗大量的水、石油、电等不可再生资源呢？

生产化纤面料需要先把天然或合成的高分子物质或无机物质制成纺丝溶液，然后通过喷丝头挤出液态细流，其经过定型和各种化学处理之后才最终凝固成纤维细丝。这样的制造过程需要消耗大量水资源、电能以及化学品，而化学品的制作生产不仅消耗大量石油，还可能会损害空气质量。

那么，什么样的材料既拥有化纤材料的优点，又不会对地球环境造成伤害呢？

答案是棉花。棉花可以说是再常见不过的农作物了，它的果实外形像桃，里面是洁白的纤维和星星点点的黑褐色种子。我国自古以来就是纺织业大国，勤劳的中国人民在古代就会种植棉花等，在晾晒后把棉花的种子和棉纤维分离开，经过压制，最后纺织成线，制成布匹，最终制成衣物。

纯棉衣物不仅低碳环保，穿起来还十分舒适。棉质纤维有着良好的吸湿性和保暖性。通常，棉质纤维可以吸收大气中的水分，其含水量为8%~10%，因此，人们穿着棉质衣服会感觉非常柔软。棉质纤维是惰性材料，不传导电和热，又因为棉质纤维本身可以存留空气，因此在太阳照射之后，棉质衣物会异常暖和舒适。

其实，棉质衣服的好处还不止这些。棉花本身是白色的，它对碱非常耐受，因此工人师傅可以把它染成各种漂亮鲜艳的颜色，满足爱美人士对衣服的多样化需求。另一方面，近年来纺织科技的发展也改良了棉质衣物，使其不再易于起皱。

卫生也是棉花的特点之一。棉质纤维是天然的纤维，纤维素是它的主要成分，因此它对人体皮肤是非常友好的。

棉质面料制作的衣服体现了低碳环保的理念，同时也充分诠释着以人为本、顺其自然的精神风貌。一件棉质衣服可以为地球减少 6.4 千克的二氧化碳排放，同时可以节约 2.4 千克的标准煤。这是不是听起来就很有吸引力呢？让我们一起体验一下棉质衣服的魅力吧。

洗衣服的"前世今生"

随着时代的发展和科技的进步，洗衣机已经走进千家万户，成为我们生活中不可或缺的家电。在 21 世纪的今天，洗衣机不仅可以满足人们清洁衣服的基本要求，更有许多先进的型号可以满足用户进一步的需求，例如烘干、杀菌、消毒和去除动物毛发等。

但是，随着功能的日益增多，洗衣机的耗能问题也愈发突出。同时，由于没有针对衣量选择适宜用水量的程序，生活中也经常发生洗几件衣服就要耗费大量水资源的情况，造成不必要的浪费。

在古代中国，勤劳的中国人民会利用田地旁的溪流、湖泊、河流等水源来手洗衣服。尽管如今出于环保要求，我们不应该再占用池塘和河流等公共水资源清洗私人衣服，但是在处理少量或小件衣服时，我们仍然可以通过手洗来节省水资源。

其实手洗衣服有很多好处呢！首先，手洗衣服可以降低衣服的受损程度。除了个人的贴身衣物外，轻柔质地的衣服也建议手洗。因为洗衣机并不能分辨出衣服的质地，在洗衣机搅洗的过程中，有些衣服经不起拉扯就易发生变形。人的手掌中有非常多的神经末梢，可以精准感知力度，这是任何机械都无法替代的。在手洗衣服的过程中，人手可以感受每件衣服的具体质地，然后用相应的力度有轻有重地洗，这样能最大限度地降低对衣服的损害。其次，手洗衣服可以保护衣物不变形。我们的衣服是经不住洗衣机的反复拉扯的，即便在洗衣机的轻柔模式下，衣物也会受外力影响而变形。最后，使用洗衣盆手洗衣服既可以节省洗衣液或洗衣粉，也可以节水。

同样，我们要做到勤关水龙头，适当使用洗涤剂。我们每少用 1 千克洗衣粉，便可以减少 0.72 千克二氧化碳排放。每用手洗代替机洗一次，便可以减少 3.6 千克二氧化碳排放。让我们行动起来，为创造更美的蓝天、更绿的大地而努力吧！

适度减少购买新衣服

衣、食、住、行是我们生活中离不开的 4 个方面，而"衣"又位于这 4 个方面之首。低碳服装是指在生产过程中产生更低的碳排放总量的服装。可以选用可循环利用材料制作服装，或采用增加服装利用率、减小服装消耗总量等方法来减少碳排放。那么这与我们普通消费者有什么关系呢？一件衣服从原材料的选取到生产制作再到最后的运输售卖都在排放二氧化碳，毫不夸张地说，即使在一件衣服的生命末期——废弃后的处理过程都在排放大量的二氧化碳。

如果您不相信，那就让我们从服装的整个生命周期来分析一下。首先，一件衣服的制作要从原材料的选取开始。假设我们需要购买一条约 400 克重的涤纶裤，而它在我国宝岛台湾生产原料，在印度尼西亚制作成衣，最后运到天津销售。预计它的使用寿命为 2 年，在这个过程中，它被洗衣机以 50 ℃的温水洗涤过 90 次，洗后再通过烘干机烘干，每次大约还需要花费 2 分钟熨烫。这样算来，在这条裤子的整个生命周期中，所消耗的能量大约是 200 千瓦时，相当于排放 47 千克二氧化碳，是其自身质量的 117.5 倍。

服装界的低碳道路是环环相扣的，减碳并不能由厂家或消费者单独完成，而应该由所有参与部分，包括政府、企业和大众共同承担起相应的责任。政府相关部门应该制定更细致的行业环保标准，并在社会上积极推广环保理念。企业应该积极承担社会责任，并在产品生产环节加以控制，从原材料生产及产品制作、包装、运输、回收利用到废弃后的处理等环节均采用低碳环保的方式。消费者应该尽量减少冲动消费，同时增加对旧衣服的再利用，这是最直接有效的环保方法。企业的环保回收并不是最直接有效的手段，低碳环保更需要消费者转变自己的消费观念和习惯。

我们在保证生活需要的前提下，每人每年少买一件不必要的新衣服，可以节约

2.5 千克的标准煤，相当于减排二氧化碳 6.4 千克。让我们行动起来，为低碳环保贡献自己的一份力量吧！

🏠 "花式"利用旧衣物

提到低碳生活，就不得不提及循环使用。

我们每个人都会有很多穿不上、穿旧或者穿坏的衣物，这些衣物又该如何处理呢？扔掉显然不符合我们低碳环保的理念，那么怎么让我们的旧衣服变废为宝呢？其实，只要我们开动脑筋，动起手来，我们的旧衣物就能重新"发光发热"。

● 包裹安全带

将旧衣服包裹在安全带上，就可以防止身体被安全带勒出痕迹，也可以减少安全带给人们带来的不适感。

● 制作背包

将穿旧的背心从领口处剪开，然后从中间将其对折，再用针线将边部缝合，就可以轻松制作出一个简易的杂物小背包。若是再用其他颜色的旧布添加一些小饰品就更好看了。

● 装饰便当盒

首先比对便当盒大小裁剪布料，再把布料贴在便当盒上，最后打上一个蝴蝶结，一个独属自己的漂亮便当盒就做好了。

● 收纳杂物

家里杂物太多该怎么收纳呢？我们可以找一件宽松的旧衣服，将衣服折叠好之后，用剪刀裁成袋子的形状，再在袋子口缝上松紧绳或者可收缩的麻绳，这样就可以轻松地收纳杂物。

● 旧衬衫的用途：自制围裙

先将衬衫的口袋拆下来备用，然后再在衬衫的背面画出围裙的形状，接下来裁剪下领子、袖子和其他多余的部分，并将衬衫前扣处裁剪成斜角，将边缘往里折进 2 厘米左右，用针线缝一下，最后在前面领口处和后面接口处穿上绳子即可。

● 旧裤子的改造：自制门垫

把裤子沿着裤线剪开，这样我们就拥有了 4 片布。如果觉得薄，可以在中间垫上夹层然后缝上。将其放置在家门口，我们进门时踩一踩，鞋底就干净啦。

● 旧的夹克衫：自制棉被收纳袋

将被子左右折叠起来，叠成 3 层，从一头卷起来，把衣服"穿"在被子上，将拉锁拉好，最后将两只袖子系在一起，这样被子放置在壁橱里就不会落灰了。

● 颜色鲜艳的旧衣服：自制宝宝围兜

宝宝吃饭的时候，食物时不时就会掉下来，刚换的衣服马上就脏了，不易清洗。我们可以用小块的布给宝宝多做几个围兜，随用随洗，既卫生又美观。将家里颜色鲜艳的旧衣服裁剪成月牙形的布，在布的两端缝上绳子，再系在宝宝的脖子上即可。

● 旧衣物捐赠

如果将家里的旧衣物作为不可回收利用的普通垃圾处理掉，那将是对资源的极大浪费。我们可以通过红十字会、衣物捐赠箱等途径进行捐赠，既能帮助生活有困难的家庭，使他们渡过难关、感受到爱心和温暖，也能避免浪费、减少碳排放。

介绍了这么多小妙招，大家学会了吗？低碳生活需要从我做起，从小事做起。让我们一起努力，创造一片美丽的蓝天吧！

7　低碳生活之"食"

🏠 减少使用一次性筷子

筷子起源于中国，是我国最常用的食器，通常由木、骨、竹、金属、塑料等制成。千百年来的积淀使得筷子成为中华饮食文化的标志。随着在朝鲜、越南、日本等汉文化圈的广泛使用，筷子也成了世界餐饮史的标志性餐具之一。

对于"朝九晚五"的上班族来说，"时间就是生命，效率就是金钱"，一天的时间宝贵，休息时间常常被压缩，用餐时间也所剩无几，快餐就成了大家的不二选择。一次性餐具应运而生，一次性筷子更是个中代表。然而您是否知道，一次性筷子在为大家提供便利的同时也会对环境产生严重的污染，造成资源和能源的双重浪费呢？

让我们首先来了解一下一次性筷子的制作过程。制作一次性筷子通常选用桦木、杨木等，也可以选用新鲜的毛竹。在制作过程中，为了保持美观，通常需要用硫黄熏蒸或用双氧水漂白筷子。最后，经过烘干，我们常见的一次性筷子就加工完成了。值得注意的是，在漂白的过程中，化学物质可能会长时间留存在每双筷子中。

那么，生产这些筷子又需要多少树木和其他资源呢？据统计，我国每年消耗450亿双一次性筷子，需要耗费相应的木材原料166万立方米，砍伐大约2 500万棵大树。这些树木的减少将使我国森林面积减少200万平方米，然而我国的森林覆盖率却只有16.55%，仅相当于世界森林覆盖率的27%。

尽管一次性筷子是"速食主义"的快捷用具，为我们的生活带来了很多便利，但如此庞大的资源和能源消耗会使我们的环境质量加速恶化。在提倡低碳环保的今天，使用一次性筷子可谓倒行逆施。其实，在日常生活中，有很多可以反复使用的金属、塑料筷子供我们选择，同时我们也可以随身携带自己的"专用"筷子，既方便卫生，又低碳环保。

让我们行动起来，为地球的低碳环保事业贡献自己的一份力量吧！

🍃 塑料瓶之毒

1886年，可口可乐公司在美国佐治亚州亚特兰大市诞生，随后，碳酸饮料逐渐进入人们的视线中，成为饮料消费的新宠。上市之初，碳酸饮料大多使用玻璃瓶灌装生产。随着对运输和销售的便捷要求日渐提高，塑料瓶和易拉罐逐渐成为主流包装。与玻璃瓶相比，塑料瓶不仅轻便小巧，而且易于加工生产，成本低廉，方便携带。

常见的饮料塑料瓶以聚酯（PET）、聚乙烯（PE）、聚丙烯（PP）为主要原料，在添加相应有机溶剂后，经过高温加热，通过塑料模具吹塑或者注塑成型。

在塑料瓶为人们带来方便的同时，随意丢弃塑料瓶这种不环保行为也污染着我们的地球。根据相关调查，使用后的塑料瓶仅有一部分会被降解处理，而大部分塑料瓶则被大家随意丢弃。废旧塑料包装物进入环境后，由于很难被降解，于是会造成长期的、深层次的生态环境问题。首先，废旧塑料包装物混在土壤中，影响农作物吸收养分和水分，将导致农作物减产。其次，抛弃在陆地或水体中的废旧塑料包装物易被动物当作食物吞入，导致动物死亡。最后，混入生活垃圾中的废旧塑料包装物很难被处理，若填埋处理将会长期占用土地；而混有塑料的生活垃圾也不适宜用于堆肥处理，废塑料即使被分拣出来也会因无法保证质量而很难被回收利用。

对于我们每一个个体而言，我们应该对塑料垃圾说不，在使用后主动将其扔到可回收垃圾桶中。同时，为了低碳环保、减少碳排放，我们应该准备一个个人常用杯，减少对塑料制品的购买次数。尽管合格的饮品塑料瓶都要求用食品级的塑料制成，这些材料无毒无味，用来灌装饮料对人体很安全，但是其中含有的聚乙烯一旦处于高温环境或被酸性溶液腐蚀，就会慢慢溶解并释放出一种有害人体健康的有机溶剂。长期食用被聚乙烯分子侵染的食物，会使人头晕、头痛、恶心、食欲减退、记忆力下降等。另外，正规企业首次生产的灌装饮料瓶，都是经过严格消毒、清洗、灭菌的，如果反复使用瓶子，细菌就会在瓶子里不断繁殖。因此，我们需要减少塑料瓶的使用。

造酒过程的高能耗

油、盐、酱、醋是我们日常饮食中必备的几种调味品，而酒不仅可以在烹调的过程中起到调味的作用，更可以作为饭桌上锦上添花的佐餐佳品。

我国造酒历史悠久、种类繁多，酒自发明之日起便深受喜爱。酒的雅号也有很多，例如杜康、雕阑、欢伯等，在民间广为流传。我国也有许多关于酒的诗词，例如李白的《客中行》有言："兰陵美酒郁金香，玉碗盛来琥珀光。但使主人能醉客，不知何处是他乡。"

但人们饮酒后犯罪率也会急剧上升。实际上，酒是一种以粮食等为原料经过发酵酿造而成的乙醇类饮品。过度饮酒容易让人意识不清，从而作出失去理智的行为。

酒精被肠胃吸收后，最终进入血液。而当血液里的酒精浓度达到 0.05% 时，人就可以产生兴奋感；当酒精浓度达到 0.1% 时，人就会因过度兴奋而失去自控能力；当浓度达到 0.2% 时，人就会烂醉如泥，这就是人们常说的"酒精中毒"，它会对身体造成非常大的损害。

酒的制造是一个既复杂又耗能的过程。白酒是我国传统的酒品之一，拥有非常悠久的历史。白酒的酿造过程基本分为粉碎原料（通常是高粱和麦子）和制曲两部分，在此过程中又细分出若干个小过程，环环相扣，可谓极其复杂，其对能源和资源的消耗也是非常大的。

不仅仅是白酒，啤酒的生产过程也十分消耗能源。啤酒厂每天仅发酵和过滤这两个过程便会消耗大量的水和电力。此外，酒瓶的消毒和清洗也需要大量的水，清洗过后要排放的废水也随产量的增加而增加。酒在出厂前还需要经过贴标签、装箱等需要机器完成的工序。为了驱动这些机器，酒厂还要消耗大量电力，排放出更多的废气。

无论是喝白酒、葡萄酒还是啤酒，都需要适度。我们应该摒弃"宁伤身体，不伤感情"的喝酒观念，健康饮酒才是养生之道。

🍃 对烟草说"不"

香烟的主要原料——烟草，其实是一种常见作物，其属于管状花科目，是一年生或有限多年生草本植物。烟草可以经不同工艺制成卷烟、旱烟、斗烟和雪茄等。过度吸烟会给人们的健康带来致命的危害，因此烟草有时也被称为"毒草"。世界上许多国家和地区对携带香烟入境都有严格的限制，并对香烟制品收取重税。世界卫生组织成员还于 2003 年签署了《世界卫生组织烟草控制框架公约》。

吸烟对室内空气影响非常大。烟草燃烧会产生烟气，这些烟气中存在大量可吸入颗粒物。可吸入颗粒物是多种污染物和微生物的天然载体，其中直径在 2.5 微米以下的细颗粒物（PM2.5）更易被人们吸入肺部。测定室内空气中的 PM2.5 含量可以帮助我们了解室内烟草产生烟气的危害程度，这也是国际上对二手烟暴露水平的常用检测方法。人们吸烟时散发出的烟气中含有致癌物苯并芘，其含量在每立方米空气中可高达 0.16 微克。此外，烟草产生的烟气中还含有相当高浓度的甲醛。假设一个吸烟者在一间 30 平方米的室内吸 2 支香烟，就可使室内空气中的甲醛浓度达到 0.1 毫克 / 立方米以上。经测定，在吸烟后的 180 分钟内，甲醛浓度仍然处于超标水平。

吸烟行为危害吸烟者本身的健康，同时，二手烟也影响众多非吸烟者。在日常生活中，我们不可能完全避免接触烟气，往往成为被动吸烟者。二手烟严重损害人们的身体健康。除了眼、鼻和咽喉会受到刺激外，被动吸烟者患上心脏疾病以及肺癌等呼吸系统疾病的概率也会明显增加。吸二手烟的危害不亚于吸烟，肺癌患者有75% 的致病因素最终溯源至吸烟行为。

随着技术的进步，电子烟悄然兴起。新一代电子烟往往造型时尚精巧，营造出一种无害和时髦的感觉，但它真的无害吗？所有的电子烟基本都是由盛放尼古丁溶液的烟管、蒸发装置和电池三部分组成的。雾化器由电池供电，能够把烟弹内的液态尼古丁转变成雾气，从而让使用者有一种类似吸烟的感觉。人们甚至还可以根据个人喜好，向烟管内添加巧克力、薄荷等各种味道的香料。然而，即便电子烟伪装得再完美，其本质依然是含有尼古丁的类烟产品，它的危害不容忽视。虽然电子烟不含焦油，但其中的尼古丁同样会影响人的健康。部分电子烟甚至尼古丁含量超高，其危害可能远远高于普通香烟。尼古丁本身虽不是一种致癌物质，但可以起到"肿瘤启动因子"的作用。有足够充分的证据证明，胎儿和青少年接触尼古丁后，尼古丁会对其大脑发育产生远期的不良后果。

通过上面的介绍，相信大家都能明白，在室内公共场所吸烟会造成严重的室内空气污染，人体长期暴露于香烟烟气环境之下健康便会受到严重损害。因此，提倡公共场所禁烟具有十分重要的意义。呼吸清新的无烟空气不仅是每个人的权利，更是保障自身和他人健康的正当要求。

8 低碳生活之"住"

🏠 节约用电

1752 年 6 月,美国科学家本杰明·富兰克林用风筝做了一个闻名于世的实验:他与儿子通过在雷雨天气中放风筝捕捉了空中的闪电,风筝线另一端捆绑的金属钥匙与富兰克林的手之间产生了一串电火花——他感受到了麻痹的感觉。这个危险的实验证实了闪电是一种放电现象,电和电能的利用由此开始被科学家展开探索。今天,电能已经成为人们日常生活中不可或缺的能源。随着科技的发展,电子产品越来越多地出现在我们的日常生活中,极大地提高了人们的生活质量。

另一方面,我们也应该看到过度消耗电能所带来的危害。

我国的传统发电厂主要以火力发电为主。多年来,因煤炭直接燃烧而排放的二氧化硫、氮氧化物等酸性气体不断增长,导致我国多地酸雨量增加。因此,减少不必要的电能使用迫在眉睫。

日常生活中的电能消耗主要用于保障家用电器的正常工作。我们每个人都应该从小事做起,培养自己的节电意识。对于照明电器,我们可以选用节能 LED 灯来代替白炽灯。LED 灯具有低功耗、高照明功率密度等优点,合理使用可显著降低耗电量。电视机是我们日常生活中经常使用的家电之一。在日常使用时,音量越大,亮度越高,电视机越耗电。我们可以将电视机的音量和屏幕亮度调至适宜状态,这样既节约用电,又有利于自身健康。此外,我们应避免让电视机长时间处于待机状态,这样既可以省电,又可以有效延长电视机的使用寿命。电冰箱应放置在阴凉通风处,避免靠近热源以保证充分散热。在夏天使用空调时,我们应将温度设置为不低于 26 ℃;开启空调时,要关闭门窗,关机再开启时等待 2~3 分钟再开机,避免频繁启停带来的电能损耗。相关研究表明,定期清洗空调的隔尘网,在一定条件下可节省空调 30% 的用电量。对于热水器,我们可将热水温度设定为 60~80 ℃;不使用时应及时关机或将机器设置为节能运行状态，避免反复烧水，浪费电能。

节约能源是我们每一个人的责任和义务，让我们一起节约用电、减少电能所带来的污染吧。

太阳能家用供电系统

自从人类社会进入电气时代，持续的技术革新使人们的日常生活日益依赖电能。进入 21 世纪以来，由于气候变化、能源资源短缺、地区资源分配不平衡等因素，人们对低碳环保、节约用电的需求再次提升到一个前所未有的高度。

我们通常使用的集中供电电能大部分是由火力发电厂输送的，然而火力发电会对空气造成严重的污染——煤炭完全燃烧后会产生大量的二氧化碳、一氧化碳、二氧化硫等。那么，我们应该如何避免使用不可再生能源和一次能源呢？

众所周知，使用可再生能源是节约电能的重要途径。目前，在居住建筑中使用光伏太阳能发电供给电能是一个相对可靠和安全的选择。

什么是光伏太阳能发电呢？

光伏发电是利用半导体界面的光生伏特效应将光能直接转变为电能的一种技术。太阳能电池是这种技术的关键元件。太阳能电池在串联后可形成大面积的太阳能电池组，再配合功率放大器等部件就形成了光伏发电装置。太阳能资源取之不尽，用之不竭。太阳能在地球上分布广泛，只要有光照的地方就可以使用光伏发电系统，不受地域、海拔等因素的限制；同时，太阳能资源随处可得，可就近供电，不必长距离输送，避免了设置长距离输电线路所造成的电能损失。此外，光伏发电的能量转换过程简单，可以直接将光能转化为电能，没有中间过程和机械运动，不存在能量损耗；尤其是光伏发电本身不使用燃料，不排放包括温室气体和其他废气在内的任何物质，不污染空气，不产生噪声，对环境友好，不会遭受能源危机或燃料市场不稳定而造成的冲击，光伏电能是真正绿色环保的新型可再生能源。这样，我们就可以不使用集中供电网络，在自家中直接使用清洁能源。

在我国，上海电气临港重型机械装备公司综合楼项目是比较典型的应用太阳能光伏发电的案例。其在一幢大楼上设置了太阳能光伏发电系统，在国内开了先河。我国目前对家庭使用清洁能源发电会给予一定的政策补贴，国家能源局和财政部出台了关于分布式光伏发电的电价补贴政策，其中主要内容包括：所有分布式光伏发电项目，包括自发自用和余电上网部分都可以获得 0.4~0.6 元 / 度的补贴。这极大地鼓励了我们使用太阳能等清洁能源发电，进而降低碳排放。

🍃 节约用气

大家都知道，空气是生命之源。其实在日常生活中还有一种"气"也扮演着非常重要的角色，那就是天然气。

首先让我们来了解一下什么是天然气。从能量角度看，天然气是指自然界中一种可燃的气体混合物，其主要由烷烃类物质组成，属于化石能源，广泛存在于油气田和气田中，燃烧时产生黄色或蓝色火焰。

尽管天然气是清洁能源，不易聚集形成爆炸性气团，但是作为化石能源，它与煤炭和石油一样，在燃烧时会产生大量的二氧化碳。甲烷气体在点燃的条件下完全燃烧会以以下方式进行反应：

$$CH_4 + 2O_2 = 2H_2O + CO_2$$

因此，低碳用气、节约用气势在必行。

天然气与水、电一样，是我们日常起居不可或缺的能源。做饭、烧水，甚至冬天使用的暖气都要使用天然气作为能源。那么，我们又该如何做到节约用气呢？下面介绍一些生活中实用的小窍门。

当我们做饭时，可以先把食材准备好再点火，避免"空灶"燃烧。盖好锅盖可以减少锅内热量的流失，使饭菜熟得更快，既可缩短做饭时间，也有助于减少用气量。煲汤和炖菜相对"费火"，我们可以先用大火将锅中的水烧开，再转为刚好可以保持沸腾的小火。另一方面，保持锅底清洁、干爽可以加快传热，达到节约用气的目的。灶台附近有风的时候，煤气灶的火焰会摇摆不定，这样的火焰不能有效加热锅底。用薄铁皮做一个挡风罩，摆在适当的位置可以保持火力集中，使食物熟得更快。此外，经常清洗灶头和喷嘴也可以避免出气孔堵塞和燃气浪费，有助于天然气充分燃烧，使热值达到最高。

当使用燃气热水器时，设定的水温不宜超过 50 ℃。通常我们冬天洗澡的实际水温在 42 ℃左右，夏天时通常为 37 ℃左右 [1]。在洗澡过程中，我们应该尽量减少花洒的开关次数。每开关一次水龙头，热水器就要启动一次，重新把水温加热到设定温度，对燃气造成一定的浪费。另一方面，淘汰旧设备，选用节能电热水器或者太阳能热水器也是一种低碳选择。

这些小妙招大家学会了吗？让我们一起合理使用燃气，做到低碳用气、低碳居住、低碳生活。

🏠 节约用水

水是人类的生命之源，是我们赖以生存的重要物质之一。水是一种由氢、氧两种元素组成的无机物，在常温常压下是无色无味的透明液体。

我们生活的地球是太阳系八大行星中唯一存在大量液态水的星球。在地球上，哪里有水的存在，哪里就会有生命存在，可以说水是名副其实的生命之源。

我国幅员辽阔，国土面积约 960 万平方千米，大陆海岸线长达 18 400 多千米。尽管如此，我国实际上依旧是一个水资源短缺的国家。

让我们通过数字来看一下我国水资源的严峻现状。

以南方某市为例，调查数据显示，该市约有 200 万个水龙头、130 多万个马桶。假设其中有四分之一漏水，一年损失的水就要以亿吨来计算了。一个漏水的水龙头每天流失 1~6 升水，一个漏水的马桶每天损失 3~25 升水，这些数据令人震惊。

因此，节约用水要从生活中每一处细节做起，从点点滴滴做起。下面就让我们一起来学习一下节水的小妙招吧。

早晚刷牙时，我们可以适度减少漱口杯的接水量，3 口之家每人每日刷牙 2 次，每月至少可以节约 486 升水。

---

[1] 李颖. 电热水器一直开着更费电吗[J]. 中国质量万里行, 2017（6）:37-39.

淘米时，我们可以将淘完米的水放入盆中，在冲厕所和浇花时使用。此外，淘米水还有强力去油污的功效。

洗衣时，我们可以将衣物集中起来一起洗，同时减少进水量，增加漂洗次数。当洗涤剂漂洗得差不多时，我们可以将漂洗水放入盆中待下次漂洗使用。

洗浴时，我们可以使用间接放水的淋浴方式，避免过度冲淋。我们还可以使用盆或桶将洗澡水接住，留作冲厕所水使用。

使用马桶时，我们可以在马桶水箱中放入一个装满水的 500 毫升的水瓶或者同等体积的重物，这样我们每次冲水时就可以减少冲水量。

其实节水并不是不允许用水，也不是限制用水。真正的节水是合理使用水资源，不随意浪费。让我们从今天开始，从生活中的小事做起，节约用水，保护珍贵的水资源吧！

🏠 垃圾分类

我们每个人每天都会制造出大量垃圾。在一些垃圾收集管理较好的地方，大部分垃圾会得到堆肥或卫生填埋等无害化处理；但更多地方的垃圾则常常被简易堆放或填埋，导致臭气蔓延，并且污染土壤和地下水体。因此，普及垃圾无害化处理的呼声越来越高。

我国政府也非常重视垃圾污染问题。在 2019 年 6 月 5 日，国务院会议通过《中华人民共和国固体废物污染环境防治法（修订草案）》，对"生活垃圾污染环境的防治"进行了专章规定。在同年 9 月，为深入贯彻落实关于垃圾分类工作的重要指示精神，推动全国公共机构做好生活垃圾分类工作，发挥率先示范作用，国家机关事务管理局印发通知，公布《公共机构生活垃圾分类工作评价参考标准》，并就进一步推进有关工作提出要求。

垃圾分类是垃圾无害化处理的重要环节，是对垃圾收集处置传统方式的改革，也是对垃圾进行有效处置的一种科学管理方法。面对日益增长的垃圾产量和不断恶化的环境状况，如何通过垃圾分类管理最大限度地实现垃圾资源利用，改善生存环境状态，是当前世界各国共同关注的亟待解决的问题。

国外大致都是根据垃圾的成分构成和产生量并结合本地垃圾的资源利用和处理方式来对生活垃圾进行分类的，如德国一般将可利用垃圾分为纸、玻璃、金属和塑料等，澳大利亚一般将垃圾分为可堆肥垃圾、可回收垃圾和不可回收垃圾，日本一般将垃圾分为塑料瓶类、可回收塑料、其他塑料、资源垃圾、大型垃圾、可燃垃圾、不可燃垃圾和有害垃圾等。我国已经有许多城市通过立法的形式管理垃圾分类：2011 年，北京市人大常委会制定了《北京市生活垃圾管理条例》，按照多排放多付费、少排放少付费，混合垃圾多付费、分类垃圾少付费的原则，逐步建立计量收费、分类计价的生活垃圾处理收费制度；2019 年，《上海市生活垃圾管理条例》正式实施，要求将生活垃圾按照"可回收物""有害垃圾""湿垃圾""干垃圾"的分类标准进行分类。

环境保护关乎你我他，让我们动起手来，为地球的居民们创造一个温暖舒适的家。

9 低碳生活之"行"

锻炼身体与低碳出行的完美结合——步行

随着科技的发展，出行变得越来越便捷，汽车、火车、飞机、轮船等都为我们的出行提供了方便高效的选择。但是，上述交通方式都需要通过能源来驱动。以新能源作为动力的交通方式固然绿色环保，但目前以汽油和柴油作为燃料的交通工具仍然占据着较大的市场份额。另一方面，越来越多的人开始关注自身健康，"养生"也成了生活中的重要话题。那么，有没有一种出行方法既"低碳"又"养生"呢？

走路，这个动作看似普通，却被认为是世界上最健康的运动之一。

在我们的日常生活中有许多短途出行需求，诸如到附近的菜市场买菜、去邻近的公交车站乘车等。其实，我们可以尝试通过步行来完成这些活动，这样既能满足低碳出行的环保需求，又可以锻炼自己的身体机能。坚持步行对身体有很多好处：步行是有氧运动，能够提升心肺功能，促进血液循环，同时还能够增加我们的肺活量，对于既往存在冠心病和慢性阻塞性肺病的患者，适当的步行可以改善健康状况；步行也是减脂瘦身的有效途径，正确的步行能够燃烧更多的卡路里，对于肥胖人群是一种有效的锻炼方式；步行还能够增强我们的身体素质，提高免疫力，增加肌肉的强度。

　　每个人走路的方式可能都会有所不同，不同的方法也会带来不同的健身效果和心理体验，比如拖着脚慢吞吞地走只会给人一种消沉的感觉和负面的心理暗示。因而，调整自己的走路步伐和姿势也是非常重要的。走路的时候不要低着头，而是要抬头挺胸，并不时地调整呼吸，这不仅能使人更有精神，而且更利于集中注意力。走累了可以放慢脚步，慢走几分钟后再停下来。如果突然停下，则会使血液循环失去原本的节奏，血液淤积在静脉中，容易导致心脏和大脑暂时缺血，使人出现头晕、恶心的症状。很多人错把散步当成步行健身，事实上，散步的速度太慢，很难实现预期的效果，而如果走得太快又会使人吃不消，效果也不是很理想。步行强度是否合适，可以通过自己主观的感受来判断。如果走了一会儿就上气不接下气，就说明强度过大了；而有点喘，却不影响与人的正常交流，就说明强度正好。大家不要盲目追求步数的多少，切忌步行强度过大。作为一种运动，步行自然也要求有一定的运动量，但运动更需要适度，应以运动时心率每分钟 100~200 次为宜。具体来说，每次步行30~60 分钟，每天走 8 000~10 000 步即可。同时，步行以下肢运动为主，因此我们要选择透气性能好、鞋面舒适贴脚的运动鞋。鞋子最好是软底、宽头，要有弹性鞋垫，太小太窄的鞋容易使足部擦伤、起泡。鞋还要轻便，结实耐用，鞋底落地时稳定性好。有脚癣的人还须注意锻炼时穿棉线袜，保持鞋垫干净并经常翻晒。

　　让我们坚持以步行完成短途出行，为低碳出行出一份力吧。

🏠 共享单车

　　近年来，共享单车为市民们带来巨大便利。它们整齐地排列在地铁站进出口、公交站或办公楼外，人们可以方便地选择任意一辆出行。

出行的"最后一千米"是城市居民出行采用公共交通的主要障碍，也是建设绿色城市、低碳城市过程中面临的主要挑战。在共享经济下，随着人们对出行便利性需求的提升，共享单车应运而生。

共享单车是相关企业在校园、地铁站点、公交站点、居民区、商业区、公共服务区等提供服务、补充交通方式的重要环节，可带动居民使用其他公共交通工具的积极性，与其他公共交通方式产生协同效应。它既是一种分时租赁模式，也是一种新型绿色环保共享经济模式。

共享单车不仅解决了我们的日常出行问题，也对低碳减排作出了巨大贡献。相比于购买一辆自行车，人们只需要花费很少的钱就可以使用共享单车。在共享经济下，物品的使用费用低，很多共享单车在运营初期往往费用低廉，甚至可以免费使用。更重要的是它绿色环保——相比于开燃油车或者乘坐汽车等产生碳排放的日常出行方式，骑共享单车可以说是最绿色环保的出行方式了。我们常说"时间就是生命，效率就是金钱"，在提倡经济化的今天，提高资源利用率就显得格外重要。如果我们自己购买一辆自行车，因为计划改变或者停放困难而闲置，对空间和时间都是一种浪费。但是我们只要通过手机扫码就能够随时随地使用共享单车，这大大地提高了资源利用率。而且骑行可以锻炼身体，选择骑共享单车出行，不仅有利于节省我们的钱财，也能够很好地锻炼身体，让我们拥有健康的身体。

共享单车不仅正在逐渐改变国人的生活习惯，甚至还走向了国际。中国的很多共享单车企业近年来已经勇敢地迈出国门，相继在美国、英国、澳大利亚、新加坡等国家投入共享单车业务，为人们出行提供便利的服务。但是共享经济也有一些弊端，例如无序扩张导致的乱停乱放影响了社会公共秩序，反而给人们的出行带来不便。

因此我们在此号召大家，在享受共享经济红利的同时，也要遵守共享经济的规则和秩序，这样才能实现经济和发展的共赢，打造低碳环保下的可持续经济发展。

🏠 地铁

1990 年，中国人口已达 11 亿，却只拥有 3 条地铁线路，分别位于北京、香港和天津。今天，我国的城市地铁系统数量已经远超当初。出行是人们日常生活的重要环节。目前可供选择的出行方式种类繁多，怎样做到合理出行、低碳出行则值得我们深刻思考。选择公共交通出行是低碳出行的好方法，坐地铁更是一个不错的选择。

地铁是城市公共轨道交通的代名词，使用专用地铁列车，主要靠电力驱动。其内部布局与公交客车类似，大多依靠轨道本身供电，由城市的轨道交通公司运营，票据为轨道交通公司发行的卡片或塑料币，乘次结束后回收，近年来随着技术的发展还衍生出电子支付和 App 刷卡等新兴电子票。

地铁线路四通八达，随着轨道的延伸，它可以直接到达你想去的站点。建设地铁还会产生连带经济促进效应，对地铁沿线的人气提升效果明显，更对住宅、商业网点、酒店、城市综合体等城市组成部分起到"吸附作用"。乘坐地铁出行快捷、舒适、安全，已经成为年轻人出行的潮流。"地铁经济"在我国城市广受欢迎，既可提高经济发展，刺激内需，同时也能给市民提供准点运行的公交服务，确保乘客能在路堵车塞的交通环境中精确掌控出行时间，准时抵达目的地。

国家发展改革委公布的数据显示，每 1 000 米地铁大概能提供 60 个就业岗位，在一座城市中每建成一条地铁线，很快就能形成 2 000 人左右的相关大型企业。相较于出租车和公交车，建设地铁的投资更多，通常每千米造价 7 亿~8 亿元，而其需要的人力也更多。由此可见，地铁已经成为引领一、二线城市经济前行的重要引擎，甚至还有望进一步促进三、四线城市客流和经济潜能的开发。

2020 年 12 月 26 日，太原地铁 2 号线正式通车，将太原带入"地铁经济时代"。太原地铁 2 号线经过小店区、迎泽区、杏花岭区、尖草坪区 4 个行政区，联系了主城的北部片区、老城区、长风片区、龙城大街片区以及新的小店南、北两个片区，全长 25.1 千米，成为纵贯太原南北的快速走廊。

太原地铁 2 号线从地下交通工具变成了联动太原南北城区的经济大动脉，太原市居民也实实在在地享受到了地铁带来的红利。地铁沿线和枢纽站大多是城市交通节点集中区域，哪里有地铁，哪里就有人流。随着区域人口的增加，商业资源便会逐渐围绕这些站点和枢纽集聚，形成所在城市的商业中心。

太原市长风街与长治路交会处坐落着许多购物中心，优越的地理位置让这里备受瞩目。太原地铁 2 号线长风街站的开通更是为长风商圈的发展保驾护航。地铁站充当"血管"，连接地面周边的各个商场，其带来的巨大人流为长风商圈不断"输血供氧"。长风商圈依托地铁的运载和核心枢纽功能，与地铁有效联动，形成更大的商业辐射区域，使太原市中心的繁荣商业得以强化并持续。

地铁为城市和居民带来实惠，乘坐地铁出行低碳环保，让我们通过践行低碳出行一起为低碳城市建设出力吧！

🏠 新能源汽车

汽车是日常生活中常见的交通工具之一。我们常说的"汽车"其实指的是机动车，即由动力装置驱动或牵引，在道路上行驶，供乘用、运送物品或进行专项作业的轮式车辆。我国汽车工业是世界汽车工业的重要组成部分。随着汽车行业的飞速发展，我国汽车保有量持续上升。截至 2019 年末，全国机动车保有量已达 3.48 亿辆，与 2018 年底相比，增加了 2 122 万辆。据公安部统计，2019 年全国新注册登记汽车 2 578 万辆，汽车驾驶员 3.97 亿人次。

天津紧临首都北京，是北方重要的港口城市。汽车是居民日常出行的主要交通工具，但大量的机动车在为人们提供便捷的同时也带来了交通拥堵、尾气排放等严峻问题。

传统燃油汽车所排放的尾气对人体和空气都危害巨大。汽车运行时会产生固体悬浮颗粒，它们成分复杂，并具有较强的吸附能力，可以吸附各种金属粉尘、强致癌物苯并芘和病原微生物等。汽车尾气中含有大量的一氧化碳，其与血液中的血红蛋白结合的速度是氧气的 250 倍。氮氧化物也是尾气中的重要成分，主要包括一氧化氮和二氧化氮，它们对人体的呼吸系统危害更甚。此外，尾气中含有的铅是有毒的重金属元素，汽车用油大多数掺有防爆剂四乙基铅或四甲基铅，燃烧后生成的铅及其化合物均为有毒物质。另一方面，汽车所使用的燃料——汽油是不可再生资源。一旦不可再生资源枯竭，人类将面临无能源可用的局面。尽管现在世界各国都在大力开发二次能源，但这些技术较新，市场应用率不高，无法全面替代不可再生能源。因此，发展新能源汽车以解决传统燃油汽车所带来的环境问题十分重要。

目前，中外汽车企业均着眼于新能源汽车的发展。新能源汽车是指采用非常规的车用燃料作为动力来源，综合车辆的动力控制和驱动方面的先进技术，形成的技术原理先进，具有新技术、新结构的汽车。新能源汽车种类十分丰富，包括纯电动汽车、增程式电动汽车、混合动力汽车、燃料电池电动汽车、氢发动机汽车等。

在我们的日常生活中，比较常见的是纯电动汽车，它是一种采用单一蓄电池作为储能动力源的汽车，通过电池向电动机提供电能，驱动电动机运转，从而推动汽车行驶。纯电动汽车的可充电电池主要有铅酸电池、镍镉电池、镍氢电池和锂离子电池等，这些电池可以为纯电动汽车提供动力。同时，纯电动汽车也通过电池来储存电能，驱动电机运转，让车辆正常行驶，可以实现"双赢"。

目前，天津政府有关部门正大力支持新能源汽车的发展，从汽车购买到上牌一系列流程都进行了支持性优化。例如在天津购买新能源汽车无须参与车牌摇号，可以直接申请新能源汽车的"绿牌"，相比传统燃油汽车的"抽签摇号"，市民可以更快速地拿到上路许可。

通过上面的介绍，相信大家对新能源汽车已经有了一定的了解。新能源汽车使用可再生能源作为汽车的动力单元，可以避免使用化石燃料产生有害尾气，实现了汽车领域的低碳环保。选择新能源汽车，一定会给你带来不一样的体验。

🏠 高铁

现代都市生活节奏日益加快，时间成本愈加宝贵，人们对出行快捷性、快速性和便利性的需求不断提升。伴随着国家发展战略需要，"低碳出行"的概念逐渐走入大众视野。随着技术的不断革新，普速铁路和快速铁路逐渐被取代，"高铁"成为当今大众出行的主流选择。

"高铁"即高速铁路。国家铁路局规定，高速铁路应为速度 250 千米 / 小时以上、初期运营速度不小于 200 千米 / 小时的客运专线铁路（动车组列车）。目前，我国高速列车保有量 1 300 多列，为世界最多，并已经成功拥有先进的高铁集成技术、施工技术、装备制造技术和运营管理技术，在国际上极具竞争力。我国高铁列车覆盖时速 200 千米至 380 千米各个速度等级，种类最全；累计运营里程约为 16 亿千米，经验最丰富。在施工成本和效率方面，我国的高铁企业也独具优势。据测算，国外企业修建高铁平均成本为每千米 0.5 亿美元以上，中国企业则只需约一半的花费，且工期更短，施工效率更是国外企业的一倍以上。虽然成本低，中国标准却更高：在安全性能上，中国标准与欧洲标准基本一致；施工标准则远高于欧洲标准，施工中用到的钢筋、水泥等材料等级更高。此外，我国铁路的配套产业完整，包括上下游在内的完整产业链发达，一般国外厂商无法比肩。

高速铁路的开通和运营对我国社会经济的发展起到了极大的促进作用，且在节能减排领域产生了良好的示范效应。首先，高铁的普及快速提升了铁路电气化水平，优化了铁路能耗结构，实现了铁路大面积的"以电代油"，降低了对石油的依赖；其次，高速铁路技术有力地提升了铁路行业的节能减排效应，形成了绿色环保的交通大动脉；此外，铁路能耗结构调整和优化不仅对其他交通运输方式产生了良好的示范作用，更对我国整体能耗结构调整有着重要的启示作用——在能耗结构整体调整难以突破的情况下，可先从某一或某几个行业实施局部性突破，最后带动整个国家能耗结构的转变。

低碳环保已经深入人心。在人民物质精神生活水平日渐增高的今天，人们的出行需求越来越多样。高铁的优势是全方位的，它不仅具有准民航的速度优势和舒适性，还具有风雨无阻的安全优势。当下，我国的高铁布局越来越城际化、全方位覆盖化，甚至在一些省份已基本实现高铁"公交化"。

"进入新时代，跑出新速度"，我国高铁正在将自己这张亮丽的名片越擦越亮。高铁，以运速快、时间短、安全、舒适等优势越来越受到人们的青睐，它正在改变着人们的出行习惯。

🏠 低碳旅行

随着人们生活水平不断提高，外出旅行已经成为人们必不可少的休闲活动。每年春节和"十一黄金周"的假期是长途旅行的黄金时间，元旦、劳动节等"小长假"也十分适合短途旅行。每当假期临近，国家也会相应推出一系列鼓励出行的政策，例如减免高速过路费等，为大家的旅行带来便利。

随着低碳概念日渐深入人心，大家是否关注过"低碳旅行"呢？低碳旅行是一种在旅行中合理降低碳排放的绿色旅行方式，以低能耗、低污染为基础，倡导在旅行中减少碳足迹与温室气体的排放，是环保旅游的深层次表现。

低碳旅游以减少温室气体排放的方式保护着旅游地的自然环境、野生动植物栖息地和其他资源，是一种充分尊重当地文化和生活方式、为当地自然环境和人文社区作出积极贡献的旅游方式。低碳化的旅游方式将旅游活动、度假方式等消费行为的排碳量控制在合理的水平，使人们在自然所能承受的范围内最大限度地益智益体、放松身心。

在日常生活中践行低碳旅行，我们可以从以下几个方面做起：优先选择旅游地政府和旅行机构推出的低碳旅游线路，这些目的地通常是森林公园、湿地公园、风景名胜区、地质公园等；短途休闲活动可以选择健身养生游、远足康体等低碳方式，或轻装简行并选择乘高铁、自驾新能源汽车等出行方式；游览时，我们可以使用电子票据，减少纸张的使用；理智进行旅游消费，减少不必要的浪费以及消费所产生的碳足迹。

低能耗、低污染的"低碳旅游"概念已逐渐被大众接纳。它虽然略显质朴，却在点滴中践行着环保理念，符合可持续发展理念，必将为旅游产业带来绿色新风尚。

在本书的第八章，我们也为大家精选了一系列低碳生活体验路线，欢迎大家踊跃实践。

第七章
"双碳"行动，能源先行

1　绿色发展之碳中和、碳达峰

随着"十三五"规划目标的完成，我国的科技实力、经济实力、综合国力和人民生活水平登上一个新的台阶，全面建成小康社会取得伟大历史性成就，中华民族伟大复兴向前迈出了新的一大步，社会主义中国以更加雄伟的身姿屹立于世界东方。目前，我国仍然处于发展的重要战略机遇时期，所面对的机遇与挑战都有了新的变化与发展。能源问题日益突出，新一轮的科技和能源与产业革命不断地挑战着传统能源形式。

因此，在"十四五"规划期间，我国主要着眼于实现社会主义现代化，提升经济实力、科技实力、综合国力。环境与能源方面主要目标是"广泛形成绿色生产生活方式，碳排放达峰后稳中有降，生态环境根本好转，美丽中国建设目标基本实现。"与此同时，在2020年9月，我国在第七十五届联合国大会一般性辩论上提出"中国将提高国家自主贡献力度，采取更加有力的政策和措施，二氧化碳排放力争于2030年前达到峰值，努力争取2060年前实现碳中和"。在2021年4月30日，中共中央政治局第二十九次集体学习时，我国领导人指出，实现碳达峰、碳中和是我国向世界作出的庄严承诺，也是一场广泛而深刻的经济社会变革，绝不是轻轻松松就能实现的。各级党委和政府要拿出抓铁有痕、踏石留印的劲头，明确时间表、路线图、施工图，推动经济社会发展建立在资源高效利用和绿色低碳发展的基础之上。

"3060目标"的第一个阶段是在2030年前，中国二氧化碳排放达到峰值。这一阶段的目标基本与2035年建设现代化国家目标相吻合。二氧化碳排放达峰后转入持续下降的趋势将成为中国在2035年基本实现现代化的一个重要标志。目前中国还处在工业化和城镇化进程中，经济发展还比较快，能源需求仍然在增长。"十四五"时期要在能源需求持续增长的情况下趋向2030年前二氧化碳排放达峰，就必须大力改善能源结构，使得新增长的能源需求主要由新增的非化石能源供应来满足，保证煤炭、石油等化石能源基本不再增加。第二阶段是努力在2060年之前实现碳中和。

这一阶段与我国在 21 世纪中叶建成社会主义现代化强国的目标相一致。实现碳中和将是在生态文明领域建成现代化强国的重要内容。

此外，我国自古以来重信守诺，这一系列重大宣示和决策部署，充分彰显了我国积极应对气候变化的坚定决心，体现了推动构建人类命运共同体的责任担当，获得了国际社会的广泛认同和高度赞誉，也明确了我国绿色低碳发展的时间表和路线图。因此，我们要进一步提高政治站位，加强宏观战略统筹和规划衔接，坚定不移地把降碳作为促进经济社会发展全面绿色转型的总抓手。"十四五"时期趋向碳达峰和碳中和愿景的主要思路是：大力推动经济结构、能源结构、产业结构转型升级，推动构建绿色低碳循环发展的经济体系，倒逼经济高质量发展和生态环境高水平保护，迈好新发展阶段、现代化时期控碳的第一步，不断为应对全球气候变化作出积极贡献。

我国要实现碳排放和碳中和的伟大目标十分不容易，需要我们付出艰巨的努力。我国 2060 年实现碳中和，减排总量将远超发达国家 2050 年碳中和。从时间安排上看，欧美从碳达峰到碳中和有 50~70 年过渡期，而中国只有 30 年过渡期。我国作为最大的发展中国家，发展不平衡、不充分问题突出，目前有关应对气候变化的很多方面还存在欠缺和短板，加之外部环境复杂严峻，要实现碳达峰目标与碳中和愿景，任务十分艰巨。

推动碳达峰和碳中和是经济社会的系统性转型。我国的低碳发展转型还面临三大挑战：一是制造业在国际产业价值链中仍处于中低端，产品能耗物耗高，增加值率低，经济结构调整和产业升级任务艰巨；二是煤炭消费占比较高，仍超过 50%，单位能源的二氧化碳排放强度比世界平均水平高约 30%，能源结构优化任务艰巨；三是单位 GDP 能耗过高，是全球平均水平的 1.5 倍，是发达国家的 2~3 倍，绿色低碳经济体系建立的任务极为艰巨。

因此，为了应对挑战，我国必须走出一条比发达国家质量更高的碳减排路径。由于碳达峰的时间和峰值水平会直接影响碳中和的时间和难度，我国必须将碳达峰和碳中和目标统筹起来，从技术、经济、制度三个层面切入，强化碳达峰和碳中和的顶层设计，明晰碳达峰和碳中和目标的实现路径，加强低碳技术创新、产业绿色转型的政策激励和引导，引导全社会朝着绿色低碳方向转型。

2 什么是不可再生能源

能源是现代社会的血液，如果没有电能，我们的电灯、电器、工业机器都无法正常运转；如果没有煤炭，我国大面积的冬季采暖将无法进行；如果没有汽油，轮船、燃油汽车等将失去动力来源。

能源可分为一次能源和二次能源两大类。一次能源是指在自然界中以原有形式存在的，未经加工转换的能量资源。常见的一次能源有煤炭、石油、天然气、水能、风能、潮汐能等，对这些能源加以利用，就可以使之成为我们日常生产生活中使用的能量，也就是二次能源。二次能源是指一次能源经过加工或转换而成的另一种形态的能源，主要有电力、煤气、沼气、汽油、柴油等，更方便人们使用。

一次能源又可细分为可再生能源和不可再生能源。可再生能源包括太阳能、水能、风能、生物质能、波浪能、潮汐能、海洋温差能等，这些可以通过自然界循环再生。不可再生能源通常包括煤、原油、天然气等。不可再生能源在自然界地质中经过亿万年形成，一旦消耗，在短时间内无法恢复。近年来，人类对不可再生能源的大规模开发利用，导致其储量逐年降低，甚至出现枯竭的危险。

当前，我国已成为世界第二大能源生产国，同时也是能源消费大国。在经济飞速发展、人民生活水平显著提高的同时，我们也因为不可再生能源的过度消耗付出了巨大的资源与环境代价。研究显示，经济增长的冲击使我国不可再生能源的消耗压力逐年增大，供需缺口放大。以石油能源为例，我国近年来石油资源的进口依存度已经接近 70%；《能源统计年展望报告》显示，到 2030 年，中国原油和天然气将出现严重的供需不足，任由这样的态势发展下去，将为发达国家间接控制中国经济增长速度提供可乘之机，严重影响中国的能源战略安全[1]。

[1]　赵奥. 中国不可再生能源效率研究[D]. 大连：大连理工大学, 2012.

由此可见，经济发展离不开不可再生能源，但过度依赖不可再生能源无异于杀鸡取卵。未来，我们应该从个人做起，节能减排，助力国家推动可再生能源战略，在摆脱能源危机的同时保证我国经济更好更快地发展。

>> 3 为什么要节能减排 <<

在现实世界中，能源的正常供应是保障社会运转及正常生产的基础。

在日常生活中，使用不可再生能源的过程通常会伴随着含碳化合物的排放。高碳排放会污染大气和我们日常的生活环境。目前，结合我国的发展路线，节能减排势在必行。经过多年的努力，节能减排现在也初见成效。预计在 2030 年前，非化石能源将首次成为增量能源需求的主力。2020—2030 年，我国能源消费总量将增长约 20%；非化石能源将大大满足这部分增量需求，占一次能源的比例将从 16.4% 上升到 26.0%，其中光伏、风电潜力最大；与此同时，化石能源占比将从 83.0% 下降至 74.0%，其中煤炭、石油和天然气消耗量计划于 2025 年、2030 年和 2040 年达峰。预计光伏和风电在"十四五"期间年均装机为 73 GW 和 34 GW，"十五五"期间为 109 GW 和 51 GW。

从城市发展来说，新型城镇化和区域发展战略在本质上都是相同的，都是想发挥集聚经济所独有的各种正外部性（如共享、匹配、学习等），进而提高经济发展效率；从另一个方面讲，中国是世界一次能源消费和碳排放的第一大国，中国的节能减排压力之大是不言而喻的。

自改革开放以来，中国已经度过了经济的高速增长阶段，并顺利过渡到了以"中高速、新动力和优结构"为主要特点的新常态。

目前中国在资源、环境的承载力上已经达到了一个限度，所以中国在经济发展模式上必须放弃原来高污染、高能耗、高排放的方式；与此同时，按照经济发展的固定规律，迫使中国经济转型升级，转而向低污染、低能耗、低排放的经济路线迈进[1]。

4 什么是新能源

<<

能源与我们的生活密切相连，比如我们在每天的生产生活中所需要的电就是非常重要的二次能源，汽车发动所需的燃油也属于二次能源，供暖季供热和平时做饭所需的燃气也属于二次能源，能源的利用在日常生活中无处不在。

能源是社会发展的动力来源，是当今社会经济的强力支撑，也是人类生存的重要基础。煤、石油、天然气等不可再生能源是人类日常生产生活中的主要能量来源，但是由于大肆开采和燃烧，环境污染严重。为了进一步抑制环境污染，绿色生态理念应运而生，而新能源则是其中的重要一环。

新能源主要有太阳能、风能、氢能、生物质能、海洋能、地热能、核能、潮汐能、页岩气等。

太阳能的利用主要分为两个方向：光热利用和光电利用。比较常见的利用方式有太阳能供热水、太阳能采暖、太阳能空调、太阳能制冷、太阳能淡化海水等。相关技术已经越来越成熟，并且部分已经开始投入量产与使用。

关于风能的利用主要有风力发电、风力提水、风力制热、风力助航。其中最常见的还是风力发电技术，它是把风能转变为电能的技术，通过风力发电机实现，利用风力带动风车叶片旋转，再通过增速机将旋转的速度提升，来促使发电机发电。

核能的能源利用方式主要分为两种。第一种是核能发电，是利用核反应堆中核裂变所释放出的热能进行发电的方式，它与火力发电极其相似。只是以核反应堆及蒸汽发生器来代替火力发电的锅炉，以核裂变能代替矿物燃料的化学能。第二种是核动力，核动力是利用可控核反应来获取能量，从而得到动力、热量和电能。因为核辐射问题，人类现在还只能控制核裂变，所以核能暂时未能得到大规模的利用。当裂变材料（例

---

[1] 郭泓维. 节能减排与中国绿色经济增长[J]. 消费导刊, 2019(3):153.

如铀-235）在受人为控制的条件下发生核裂变时，核能就会以热的形式被释放出来，这些热量驱动蒸汽机。蒸汽机可以直接提供动力，也可以连接发电机产生电能。目前世界上先进的航空母舰和潜艇都以核能作为主要的动力来源。

如今世界正面对能源短缺、自然环境恶化的现状，虽然我国与其他国家相比新能源资源更为丰富，但如果在能源方面不能达到独立自主，同样会引起能源安全危机，受制于人。因而，大力发展新能源对国家能源安全、环境改善等都具有重要的战略意义。更重要的是，新能源能够代替传统化石类能源，减少石油、天然气资源的消耗，增加能源供应侧的稳定程度，进而满足社会日常生产生活的能源需求，避免在能源领域形成竞争短板，留下安全隐患。此外，新能源领域的发展有助于改变我国目前以煤炭、石油和天然气为主的能源结构，进而减少由这种结构所造成的温室气体排放超标和大气污染等问题。

但是目前在我国新能源领域，各产业都过度依赖成本优势，部分产业过度依赖外需市场，自主技术比较少。新能源装备中的关键零部件只能依靠国外进口，这制约着我国新能源产业的发展。而且目前我国的新能源发展存在追风倾向，产业链结构不合理。

对此，我们应该倡导社会、经济的可持续发展，迎合我国经济的长期可持续发展的需要，加强相关产业自主化，这样才能有助于我国在国际竞争中处于有利地位。虽然目前我国的新能源产业尚处于初期发展阶段，但是新能源产业是国际产业竞争的重要领域。积极推动新能源领域的工业技术快速发展和产业自主化，有助于开拓工业多元化的发展，拓宽工业版图，也有利于促进我国经济和社会就业率的稳步增长。

5 怎样利用新能源

利用新能源是解决能源过度消耗、节能减排的有效途径。近年来，新能源的合理高效利用一直是能源领域研究的热点，下面就请大家跟随我们一起来了解目前常见的新能源利用方式。

太阳能的主要来源是太阳对地球表面的辐射能，主要利用方式有 3 种，分别是光—电转换、光—热转换和光—化学能转换。光—电转换的主要应用是太阳能电池，其原理是光子将能量传递给电子使其运动从而形成电流。将相同的材料或两种不同的半导体材料做成 PN 结电池结构，当太阳光照射到 PN 结电池结构材料表面时，PN 结将太阳能转换为电能。光伏电池在日常生活中可以为手表及计算机等提供电能。容量及系统比较复杂的光电系统可以为房间提供照明，甚至可以将光电能上传到电网，通过传输，最终供给到用户侧。光—热转换是通过汇聚太阳热能，通过热媒循环加热热水、获得蒸汽及电力；在建筑中也可通过增加南向窗户的面积或利用对太阳能热能吸收能力比较强的建筑材料吸收太阳能，进而达到高效利用太阳能的目的。光—化学能的利用是通过植物的光合作用，合成人类所需要的有机物，提高太阳能利用率。

风能主要来源于太阳能。当太阳辐射地球空气时，地球周围的大气由于受热不均，局部空气受热上升，在地表附近形成低压；局部温度低的地方空气下降，在地表形成了高压。由此形成的温度梯度使得空气从高压区向低压区流动，就形成了水平运动的风。风能的利用主要是靠风力发电机，通过风力带动风车叶片旋转，将风能转换为机械功，来促使发电机发电。风力发电不涉及化石能源的直接消耗，不会产生辐射或空气污染。广义地说，它是以大气为工作介质的能量利用方式。风力发电利用的是自然能源，相对火力发电、核能发电等要更加绿色和环保。

地热能分为浅层地热能和深层地热能。浅层地热是指蕴藏在地表以下恒温带至 200 米深的区域，温度低于 25 ℃，具有四季温度稳定且适中的特点，夏季温度比大气温度低，冬季温度比大气温度高。深层地热能包括地下深度 200~3 000 米的地热能及地下深度 3 000 米以上的干热岩所具有的热能。温度范围为 25~150 ℃的深层地热能来自深部地层的热水及 150 ℃以上的干热岩。它是地球本身放射性元素衰变产生的热能，主要是从地壳深部开凿出的"热、矿、水"三位一体组成的极为宝贵的自然资源，具有稳定、连续、利用效率高等优势，是一种清洁可持续利用的能源。

地热用于建筑供热通常有梯级利用与非梯级利用两种方式。地源热泵是利用地热能的主要方式，其通过输入高品位能源（一般为电能），实现由低品位热源到高品位热源的转移。

开发利用可再生能源符合建设资源节约型社会、科学发展观以及实现可持续发展的基本要求。充足、安全、清洁的能源供应是经济发展和社会进步的基本保障。

第八章
绿色建筑低碳生活体验路线

为了让大家能够真正地感受到低碳生活，我们为大家精心设计了两条低碳生活体验路线。路线一是深度体验坐落于天津市河西区的天津市建筑设计研究院新建业务用房及附属综合楼项目，该项目截至目前累计获得国际、国内省部级奖项共25项，是载誉全球的低碳办公建筑。路线二位于滨海新区的中新天津生态城，其中包含的零碳建筑/零能耗建筑、被动房和海绵生态公园3个体验项目相距较近，可以集中参观，让大家最大限度地领略零碳新技术和绿色生态项目的魅力。

>>1　天津市建筑设计研究院新建业务用房及附属综合楼项目<<

　　天津市建筑设计研究院新建业务用房及附属综合楼项目（图8.1）位于天津市河西区气象台路95号天津市建筑设计研究院有限公司院内。作为享誉世界的标志性"绿色健康超低能耗"综合建筑，该建筑已荣获 LEED 金奖、中国绿色建筑设计与运行双三星标识、第七届 Construction21 国际"绿色解决方案奖"健康建筑解决方案奖国际最佳奖（第一名）、全国绿色建筑创新奖一等奖等众多国内外绿色建筑奖项。是什么使得这座办公楼近年来能斩获众多建筑大奖呢？接下来就让我们一起来看看它采用了哪些新技术吧。

　　这座建筑的总建筑面积为31 250平方米，分为主体业务用房和附属综合楼，在3层设有连廊相通。本项目从规划设计阶段便以绿色、健康为切入点，遵循"被动优先、主动优化"的设计理念，集成近30项绿色建筑技术（图8.2），同时为健身、人文（交流、心理、适老）、服务（物业、公示、活动、宣传）等健康舒适要求量身打造功能区并制定相关措施，是天津市最佳绿色建筑低碳生活的体验地之一。

　　我们为大家推荐的路线是分别参观该楼所采用的关键绿建技术运用成果，除了特色展厅外，还综合考虑了参观者的具体需求和时间安排。因此，我们设计了两条参观路线，分别是对该楼的深度参观以及对重点功能区的参观。

　　参观路线A如图8.3所示。

图 8.1　天津市建筑设计研究院新建业务用房及附属综合楼项目

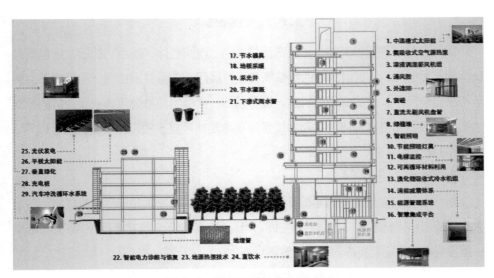

图 8.2　绿色建筑技术集成应用

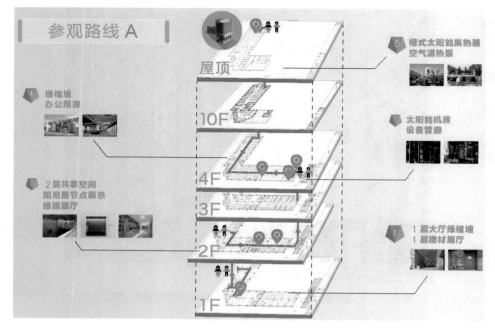

图 8.3　参观路线 A

如果你的时间足够充裕、那就选择路线 A。该路线除了特色功能区，还包括对典型建筑层的展示：首层大厅的绿植墙和建材展厅→2 层共享空间、阻尼器节点展示和绿建展厅→4 层的太阳能机房、设备管廊、绿植墙和办公用房→屋顶层的槽式太阳能集热器和空气源热泵。若参观者想要参观楼内更多的工作场景，则可以将 3 层和 10 层作为备选。

参观路线 B 见图 8.4。

路线 B 适合参观时间有限的参观者，此路线精选了技术和展厅的集成层：首层大厅绿植墙和建材展厅→2 层共享空间、阻尼器节点展示和绿建展厅→10 层绿植墙→屋顶层槽式太阳能集热器和空气源热泵。

这座集成了近 30 项绿色建筑技术的先进综合办公建筑，主要涵盖了低影响开发、绿色能源、水资源综合利用、BIM 技术全生命周期应用、消能减震结构建立以及绿色智慧集成平台搭建等几方面的技术。接下来就为大家介绍其中几项关键技术。

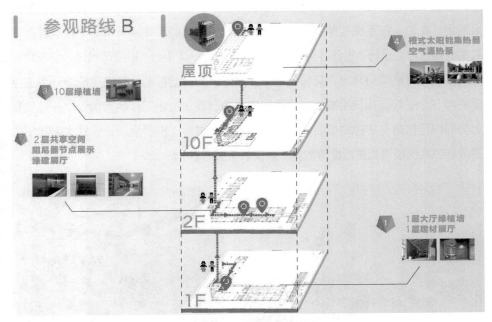

图 8.4 参观路线 B

🏠 可再生能源供冷供热

● 太阳能耦合地源热泵供冷供热系统

本系统主要包括 3 部分，分别为垂直埋管土壤地源热泵系统、槽式太阳能供冷供热系统和平板式太阳能供冷供热系统。垂直埋管土壤地源热泵系统共设置了垂直埋管 136 孔，采用变频螺杆热泵机组，负担建筑主要冷、热负荷，占总量的 90% 以上。此外，设计师在业务用房屋面设置了约 252 平方米的太阳能槽式集热器（图 8.5），采用补燃型导热溴化锂吸收式冷温水机组供冷，补燃型导热油氨吸收式空气源热泵机组和油—水板式换热器供热。在此基础上，在附属综合楼屋面还设置了 144 平方米的太阳能平板式集热器，采用补燃型热水溴化锂吸收式冷温水机组供冷，水—水板式换热器供热供冷。

在余热利用方面，建筑利用空调系统余热作为生活热水热源，实现了能源的梯级利用。此外，在系统控制方面，设计师制定了建筑的整体运行策略，采用群控方式实现系统自动运行，将各种类型设备参数集中到一体平台，形成可视化分析平台，实现既满足冷热负荷需求，又保证能源费用最低的自动控制。群控系统由一个主控模块与3个子控制模块组成，主控模块向子控制模块发出工作状态指令，并接受其上传的约定信息。子控制模块为槽式太阳能集热供冷、供热模块，板式太阳能集热供冷供热系统模块和垂直埋管地源热泵模块（图8.6）。

图 8.5　太阳能槽式集热器

图 8.6　地源热泵机房

● 太阳能光伏发电系统

在附属综合楼屋顶，建筑师装设了光伏并网发电系统，分别安装了等容量单晶硅、多晶硅、非晶硅光伏组件，装机容量约为21 kWp，采用自发自用、并网不上网的运行方式，为建筑提供可再生能源电力供应。同时，这样的设置也为光伏发电技术研究提供了分析模型和基础数据。

水资源综合利用

我国是水资源严重短缺的国家。水资源的匮乏和水环境的严重污染已成为制约我国经济社会发展的重要因素，对我国的可持续发展构成了威胁。与此同时，城市雨水作为一种长期被忽视的经济、宝贵的水资源，一直未被很好地利用，如果将雨水利用思想融入城市规划、水系统规划、环境规划及综合防灾等规划中，对未来城市健康、可持续的发展具有重要意义。

秉承着这种理念，本建筑的室外雨水排放主要采用了雨水收集回用及入渗两种形式。

室外雨水系统设计综合考虑了整个地块的雨水利用，建成后场地的径流雨水量不高于现有状况。同时，基于降低水资源消耗的原则，设计师采用了多项技术措施，将透水铺装地面比例提高至 63.95%，绿地覆盖率达到 26%，达到对雨水进行净化并回补地下水的效果。当降雨量（重现期 2 年）达到 36.16% 的设计降雨量时，雨水不外排至市政雨水管或城市水体，从而不增加市政雨水管网的排水压力。

建筑的雨水收集回用系统由屋面雨水系统、室外雨水收集系统、弃流装置、调节水池、蓄水装置和水处理装置等组成，收集的雨水可用来浇灌绿地和向路面洒水等。雨水入渗系统与景观设计相结合，通过设置渗透型雨水管、植草地砖、下凹绿地、植草地沟对雨水进行净化并回补地下水。

此外，该楼的非传统水源主要为市政再生水、雨水及直饮水的排水，主要用于室内冲厕、室外绿化灌溉、道路浇洒、洗车及景观水体补水，非传统水源利用率达到了 49%，处于业内领先水平（图 8.7）。

● 建筑信息模型（BIM）技术全生命周期应用

相信经过之前的介绍，大家已经对 BIM 技术在绿色建筑设计中的应用不陌生了。这座建筑的设计对 BIM 技术的运用贯穿于可行性研究、建筑设计、实施建设、运营维护等全生命周期内（图 8.8），从而实现了对项目全生命周期的精细化管理，提高了项目的整体设计水平，提升了施工建造与运营管理的质量和效率。

综合办公楼还将 BIM 模型与绿色建筑智能化管理平台相结合，根据专业系统（暖通水系统、暖通风系统、暖通消防系统、给排水雨水排水系统、给排水消火栓、给排水喷淋系统）、空间功能（按占有率划分、按名称划分、按部门划分）提取信息，直观监控各类设备的运行情况及分项、分类能耗，达到集成管理平台预警、监测、解决运营中问题的目的。

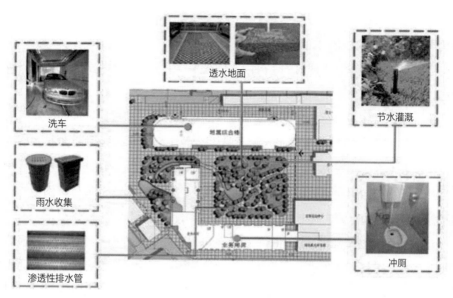

图 8.7　非传统水源综合利用

图 8.8　BIM 技术贯穿项目全生命周期

● 绿色智慧集成平台搭建

在大型绿色公共建筑的运行管理过程中普遍存在诸多问题，如缺乏高效的物业管理平台，运维人员多，对运维人员素质要求高，管理难度大，维护成本高，单一系统节能效果受局限等。

在这个项目中，建筑师自主研发了绿色智慧集成平台（图8.9），采用了大量绿建、智能化技术。为了使各设备协调一致、节能高效运行，在建筑物2层设置了具有多系统整合、优化设置、高效运行的控制中心，建立了绿色智慧集成平台。集成平台采用了网络通信综合集成技术、数据交互技术和组态技术，包括运维管理、能源管理、专家管理3部分，实现了实时监测、集中控制、多样运行管控等多种先进功能。

集成平台是这座建筑的"超强大脑"，设备IP管理网构成了建筑物的神经网络，传感器与控制器分别作为建筑物的感知器官与运动器官，共同完成了建筑物节能、舒适、高效的使命，有效降低了新建用房的管理难度和运维成本，实现了对绿色建筑的精细化管理。

图8.9　绿色智慧集成平台

天津市建筑设计研究院地处市中心，与天津地标——天塔隔街相望，交通便利，便于参观。距所在地约 300 米为东风里公交车站，通行 9 路、35 路、310 路、677 路、685 路、712 路、870 路、871 路、878 路、879 路、901 路、951 路、952 路、963 路等多条公交线路，步行可达 3 号线、5 号线和 6 号线地铁站，大家可根据自己的需要自由选择绿色低碳的公共交通方式出行。

>> 2　中新天津生态城 <<

游览过位于市区的天津市建筑设计研究院新建业务用房及附属综合楼，接下来请大家跟随我们的脚步，继续前进，一起来到位于天津市滨海新区的中新天津生态城，体验多彩别样的低碳生活。

中新天津生态城位于天津市滨海新区东北部，总面积约 30 平方千米，于 2008 年 9 月开工建设，总投资 500 亿元。它的建设借鉴了新加坡的"邻里单元"理念，以建设适宜不同收入群体和境内外人员居住创业的和谐社会，其中"政策性住房比例不低于 20%"。

中新天津生态城是世界上第一个国家间合作开发建设的生态城区，为资源节约型、环境友好型社会的建设提供了积极和典型的示范。此处的空气质量综合指数在天津市名列前茅。中新天津生态城先后成为国家海绵城市建设试点、国内首个绿色建筑对标试点、国家首批新城区生活垃圾分类试点、国家首批"无废城市"建设试点，以及可再生能源建筑应用示范城区，2013 年被国务院批准为首个国家绿色发展示范区，在"第六届绿色发展峰会"上，荣膺"2019 绿色发展优秀城市"称号。

我们为大家设计的游览线路主要包含 3 站游览项目：公屋展示中心——公屋二期被动式住宅——亿利生态公园，接下来是对这 3 站的详细介绍。

🏠 公屋展示中心

中新天津生态城在借鉴中国、新加坡两国保障性住房建设经验的基础上进行住房模式创新，解决了生态城内就业的低收入家庭的住房需求。公屋展示中心（图8.10）是生态城构建住房保障体系、形成合理的住房供应结构、促进社会和谐的重要展示载体。作为中国北方第一座以零能耗为设计目标的建筑，公屋展示中心已获得中国绿色建筑三星级设计标识、运营标识，并荣获 2012 年全国人居经典建筑规划设计方案竞赛建筑和科技双金奖，2013 年度天津市优秀设计一等奖，以及 2015 年度和 2017 年度全国绿色建筑创新奖二等奖等多项国内外建筑奖项，并于 2021 年 6 月 29 日被天津市低碳发展研究中心评为天津首座零碳示范建筑。

图 8.10　公屋展示中心实景

公屋展示中心的主体建筑呈六边棱形，为顺应主干道的延展方向，建筑平面与南北向成45°夹角，项目地下一层主要为空调机房、消防泵房等辅助设备用房，地上一层主要为大堂、交易大厅、多媒体及模型展厅、开敞办公区及监控室等辅助用房，地上2层主要为办公区、会议室、档案库以及配电间等辅助空间。

该项目以"性能化设计"理念为指导，在设计全过程中采用了以能耗限值为目标的建筑能耗量化控制、从被动式设计、主动式设计和可再生能源利用方面对项目进行了逐步优化，最终实现了零能耗建筑的设计目标。

项目应用的前沿绿色低碳技术包括太阳能热水系统、太阳能光伏一体化、新风空调和二氧化碳监测联动控制、排风热回收、高效光源和节能灯具、遮阳设计、地道风、地源热泵、雨水利用、屋顶绿化、高性能玻璃和高侧窗采光、光导照明、智能化管理系统和能耗监测系统、本地植物和复层绿化、雨水花园及雨水收集、透水铺装及节水灌溉等（图8.11）。

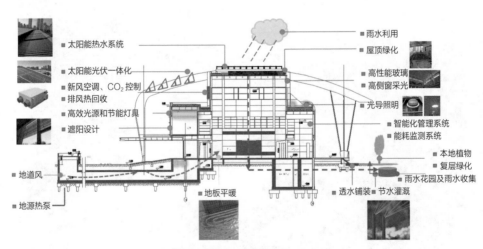

图8.11 绿色建筑技术集成应用

此外，设计师采用了基于计算机的模拟分析，优化了建筑布局、朝向与体形系数控制，通过提高围护结构节能设计，强化自然通风、自然采光等技术措施，降低了建筑的用能需求。

公屋二期被动式住宅

中新天津生态城公屋二期被动式住宅是中国首个按照德国被动式住宅标准设计的高层住宅项目，已获得德国PHI认证（德国被动式住宅研究所认证）和国家三星级绿色建筑设计标识。

公屋二期被动式住宅未来将作为人才公寓，以出租的形式提供给中新天津生态城职工，其中便于后期能耗监测的建筑面积为1.34万平方米，严格按照德国PHI标准要求设计，同时考虑中国居住者的使用习惯及实用性，合理采用了多项节能技术，创新性地将新风系统与空调风管机紧密结合，满足了住宅分散式制冷的需求，解决了高层剪力墙结构下的断热桥节点设计难题。

此外，在公屋二期被动式住宅的建筑围护结构设计中，设计师还应用了220毫米厚的石墨聚苯板作为高性能保温隔热材料、传热系数不大于$0.8W/㎡·K$的三玻铝包木外窗作为被动式外窗，在东、西和南三向立面设置电动铝金卷帘作为可调节外遮阳构件。

机电设计师采用集中–分散式太阳能热水系统为建筑提供生活热水，采用变频高效户式一拖一风管机为建筑供冷，采用全热回收新风换气机为建筑送新风，很大程度地节约了能源。

高性能外保温
220毫米厚石墨聚苯板

太阳能热水
集中-分散式系统，
集热面积≥2平方米/户

被动式外窗
三玻铝包木外窗，传
热系数≤0.8 W/（m² · K）

户式集中空调
变频高效户式一拖
一风管机

可调节外遮阳
电动铝合金卷帘外遮阳
（东、西、南、向）

全热回收新风换气机
新风机热回收效率≥80%，
湿回收效率≥55%

无热桥节点设计

图 8.12　被动房技术集成应用

通过上面的介绍，相信大家对公屋二期被动式住宅项目一定产生了浓厚的兴趣，在这样绿色低碳的建筑里生活一定非常有趣吧！

🏠 亿利生态公园

现在是时候放松一下啦，让我们一起前行，逛一下天津著名的海绵城市经典案例——亿利生态公园（图 8.13）吧。

图 8.13　亿利生态公园效果图

亿利生态公园的总建设用地面积约为 15.5 万平方米，其中建筑物占地约 1.6 万平方米，绿地面积约为 8.4 万平方米，水体面积为 4 677 平方米，是中新生态城里的标志性公园。

丰富的海绵设施是亿利生态公园最大的特色。设计师根据公园的实际情况，选用了下凹绿地、雨水花园、透水铺装、卵石砾石沟、豁口路缘石、环保型雨水口、渗透型雨水管和检查井、雨水蓄水池和初期雨水弃流设施等先进的海绵城市技术，为减少城镇开发建设行为对自然水文环境和水生态环境的破坏提供了有效的解决方案。

生态公园的下凹绿地的深度比周边道路低 150 毫米，为了减少道路雨水对绿地的冲击，使雨水分散进入下凹绿地，这里的道路与下凹绿地间的过渡采用了豁口路缘石的形式，而不是常用的缓坡形式。在部分下凹绿地和道路交接处采用豁口路缘石时，设计师在交接处下凹绿地内设置了 300 毫米宽的卵石砾石区，用于截流污染物和净化雨水。卵石砾石沟与下凹绿地的高度一致，雨水通过卵石砾石沟后排入下凹绿地内。对于建筑外排雨水系统，在建筑与绿地交接处，设置卵石砾石沟，净化雨水，超过卵石砾石沟的雨水排入周边下凹绿地或通过雨水管排入市政雨水管网。

所有雨水口均采用除污型雨水口，雨水口内设置成品截污筐，拦截大的悬浮物。

设计师利用生态公园的大面积点状绿地设置了雨水花园。雨水花园的下凹深度为 250 毫米，其中设置溢流雨水口，有效滞水深度为 200 毫米。场地内一共设置了 6 处雨水花园。雨水花园具有生态效益和美观环境的双重作用，在满足景观需求的同时，强调对雨水的管理，起到净化空气、缓解城市热岛效应、保护生物多样性、净化雨水、减轻径流污染、收集雨水和重建水循环等多方面的积极环保作用。

生态公园的透水铺装面积约为 4 800 平方米，约占室外硬质道路和广场面积的 9.25%。铺装形式为透水砖和彩色透水混凝土，既为海绵城市理念提供了有力的技术支持，又美观大方。透水铺装被誉为"会呼吸的"地面铺装，能够带来良好的生态效益。其特有的柔性铺装构造便于地面的检修、维护和改造。生态公园采用的透水铺装具有良好的景观效果，还具有高透水性、高承载力、易维护性、抗冻融性和耐用性等优点。

在雨水滞蓄方面，生态公园根据不同排水分区的雨水滞蓄能力，在雨水排入静湖前设置了一处雨水蓄水模块，将蓄水模块内储存的雨水净化沉淀过滤后用于场地的绿地浇灌。雨水蓄水模块的有效调蓄容积为 320 立方米，蓄水池采用模块拼装的形式。雨水在进入模块前需要经过弃流处理，进入模块后需要经过静沉淀净化，在用于绿地浇洒前需进行过滤净化。此外，结合天津市滨海新区的地貌特点，建筑师还从排盐角度考虑，在绿地下敷设排盐盲管，采用具有渗透和排放功能的雨水管，连接渗透型雨水管的检查井采用渗透式。

介绍到这里，相信很多人已经对中新天津生态城心向往之了，我们也为大家设计了绿色环保的交通路线：从市区出发抵达公屋展示中心可乘地铁 3 号线转津滨轻轨 9 号线，用时约为 2 小时 30 分钟；乘坐公交车 951 路转 468 路用时约为 2 小时 40 分钟。公屋二期被动式住宅与公屋展示中心相邻，可步行前往。如果从亿利生态公园步行到公屋二期被动式住宅仅需 20 分钟，既省却停车的烦恼，又可以强身健体。大家也可乘坐公交中新天津生态城 2 号线和 5 号线前往。